2735.
Mich.

Ⓒ

27162

MANUELS-RORET.

NOUVEAU MANUEL COMPLET
DU
CHARCUTIER,

OU

L'ART DE PRÉPARER ET DE CONSERVER LES DIFFÉRENTES PARTIES DU COCHON, D'APRÈS LES PLUS NOUVEAUX PROCÉDÉS;

PRÉCÉDÉ

DE L'ART D'ÉLEVER LES PORCS, DE LES ENGRAISSER ET DE LES GUÉRIR.

PAR UNE RÉUNION DE CHARCUTIERS,

ET RÉDIGÉ

PAR M. LEBRUN, ANCIEN CHARCUTIER A PARIS.

NOUVELLE ÉDITION TRÈS AUGMENTÉE.

PARIS,
LIBRAIRIE ENCYCLOPÉDIQUE DE RORET,
RUE HAUTEFEUILLE, N 10 BIS.
1840.

ENCYCLOPÉDIE-RORET.

CHARCUTIER.

AVIS

Le mérite des ouvrages de l'*Encyclopédie-Roret* leur a fait obtenir les honneurs de la traduction, de l'imitation et de la contrefaçon ; pour distinguer ce volume, il portera à l'avenir la *véritable* signature de l'éditeur.

AVANT-PROPOS.

La partie gastronomique de la Collection des Manuels Roret, s'est augmentée de ce nouveau traité, qui sera, comme les Manuels du *Cuisinier*, du *Pâtissier*, du *Limonadier* de l'*Encyclopédie Roret*, non seulement utile aux gens qui exercent ces arts, mais encore aux ménagères de la ville et de la campagne.

L'utilité de ce recueil, pour les charcutiers de profession, est si claire, si directe, qu'il est superflu de l'expliquer. J'observerai cependant que plusieurs d'entre eux n'opérant pas avec toutes les précautions, toute la propreté convenables, ont inspiré à beaucoup de personnes une invincible répugnance à manger d'autres saucisses, andouilles, boudins, que ceux qu'elles confectionnent elles-mêmes. Il importe de combattre un dégoût si préjudiciable aux intérêts des charcutiers, et à ceux des consommateurs; car enfin les particuliers ne tuent de cochon qu'une fois par an, les familles peu nombreuses, ou étroitement logées ne le peuvent faire, et l'on se trouve obligé de se priver presque continuellement du fondement des déjeûnés à la fourchette, et de la ressource de renforcer, de composer même un repas impromptu. Outre cela, il est essentiel de faire connaître aux jeunes charcutiers qui s'établissent, les meilleures méthodes de leurs confrères, et surtout d'engager les charcutiers de province à imiter la délicatesse des assaisonnemens, la propreté, la grâce spéciale des préparations des charcutiers de Paris.

Voyons actuellement comment cet ouvrage sera utile aux ménagères. A la campagne, on tue chez soi le porc qu'on a engraissé : à la ville, surtout de province, chaque maison fait en nature sa provision de petit-salé et de lard. Toutes les parties du cochon demandent les soins de la maîtresse du logis, qui, selon qu'elle est bien ou mal instruite, trouve plus ou moins d'économie et d'agrément à ces apprêts. Avec de mauvais procédés, elle perd beaucoup de tems, de choses, réussit mal, se dépite, et abandonne souvent ce travail à des étrangers. Suit-elle des bons conseils, tout sert, tout s'améliore entre ses mains : elle jouit d'approvisionner son office, d'augmenter la bonne chère de sa maison, de régaler sa famille, ses amis, sans augmenter sa dépense; elle prend tout-à-fait goût à ces travaux domestiques; et plus elle est distinguée par ses grâces et son esprit, plus elle se montre intéressante.

Les manipulations de charcuterie que je m'applique à décrire avec le plus grand détail, s'adresseront donc à la fois aux charcutiers et aux maîtresses de maison de la ville et de la campagne; mais ce que j'écris principalement pour les pauvres métayers, les fermiers, les propriétaires qui font valoir leurs terres, c'est une ample instruction sur la manière d'élever, d'engraisser les porcs, d'en choisir les races et d'en obtenir des croisemens avantageux. Mon grand-père maternel était du nombre de ces respectables propriétaires; j'ai passé plusieurs années à la campagne; chaque jour j'entendais, je voyais agir les bons paysans qu'éclairaient les conseils d'une expérience journalière. Depuis mon séjour à Paris j'ai réuni, coordonné ces observations pratiques, je les ai comparées aux excellentes théories de messieurs les auteurs du *Cours complet d'agriculture du*

19ᵉ *siècle*, publié par les membres de la *section d'agriculture de l'Institut de France*; théories dont j'ai extrait la substance, toujours en la rapprochant des faits. J'espère que cette réunion me fera éviter à la fois le double écueil des coutumes et des livres, la routine et l'esprit de système.

Le même esprit m'a dirigé dans mon travail relativement aux opérations de charcuterie. Depuis long-tems je les ai vu exercer dans mon intérieur; tout récemment je les ai suivies chez plusieurs habiles charcutiers; j'ai observé et comparé la manière d'étaler de presque tous ceux de la capitale.

Les trois indispensables conditions d'un ouvrage c'est d'être clair, utile et complet; je pense avoir satisfait aux deux premières : quant à la troisième, on verra que j'ai consacré un chapitre spécial à décrire tous les usages du porc en cuisine. On verra aussi que j'ai annexé tout ce qui pouvait directement ou indirectement se rapporter à mon sujet, comme *emploi du porc en divers arts; qualités de la chair du porc; notice historique sur le porc; vocabulaire des cochonnailles renommées.*

CHARCUTIER.

PREMIÈRE PARTIE.

CHAPITRE PREMIER

CONFORMATION, MOEURS, RACES DES PORCS.

Il est à remarquer que la Providence a voulu que plus les animaux sont utiles, plus ils soient faciles à élever et à nourrir : tels la vache, la poule, et spécialement le porc. Jamais animal ne mérita mieux que lui le nom d'*omnivore*; car non seulement il mange de toute sorte de fourrages, grains, légumes, fruits, chairs, mais encore il ramasse les objets de rebut des autres commensaux de la ferme; il vit de leurs restes; il ne dédaigne même pas les plus dégoûtantes ordures. Son utilité égale cette extrême facilité à se trouver des alimens. Le cochon sert à la fois de nourriture fondamentale et d'assaisonnement à toute autre nourriture. Le riche lui doit le moëlleux, la variété, le luxe même de ses mets; le pauvre, l'unique agrément de sa table : il n'est pas une seule partie du porc dont on ne tire parti. Un proverbe populaire dit *que tout en est bon, depuis les pieds jusqu'à la tête*, et le proverbe a bien raison. L'économie rurale et domestique trouvent dans le cochon une de leurs plus précieuses ressources; une multitude d'arts se servent avantageusement de ses débris; l'histoire naturelle s'est occupée avec intérêt d'un animal aussi recommandable, et nous commencerons notre travail par des observations sur la conformation, les mœurs et les différentes races de porcs.

Conformation du porc. — Le pourceau, porc ou cochon, est un mammifère omnivore de l'ordre des pachydermes (à peau dure); la tête ou hure s'alonge et forme un long museau, appelé groin; la partie postérieure du crâne est fort élevée; le groin s'amincit et se partage pour former les mâchoires, tronqué à son extrémité, il est terminé au-devant de la mâchoire supérieure par un cartilage plat, arrondi, nu, marqué de petites pointes; ce cartilage déborde par les côtés et surtout par le haut la peau de la mâchoire, c'est le boutoir; il est percé par les deux ouvertures petites et rondes des narines, entre lesquelles est renfermé dans le milieu du boutoir un petit os qui sert de base et de point d'appui à cette partie. La lèvre inférieure est plus courte et plus pointue que la lèvre supérieure; les mâchoires, très dilatables, ont quarante-sept dents, six incisives, deux canines, quatorze molaires, sept de chaque côté des mâchoires. Les six incisives de la mâchoire supérieure ne sont pas tranchantes comme celles d'en bas, mais longues, cylindriques, émoussées à la pointe, en sorte qu'elles forment un angle droit avec celles de la mâchoire inférieure, et ne s'appliquent que très obliquement les unes sur les autres. Une singularité remarquable, c'est que de ces dents incisives de la mâchoire supérieure, les deux du milieu ne se touchent que par leur extrémité, et sont fort éloignées l'une de l'autre à leur racine. Les quatre dents canines se nomment crochets ou défenses; les verrats seuls en sont pourvus, car la castration enlève ces dents aux cochons proprement dits.

Excepté le boutoir, le groin, les onglons antérieurs et postérieurs, toutes les autres parties du porc portent le nom des parties correspondantes du cheval; garrot au bas de la partie postérieure du cou; encolure, poitrail au-dessous de cette partie; chanfrein au-dessus du boutoir; ars, châtaigne jusqu'à l'avant-bras; genou, canon, boulet, tendon, ars de derrière, cuisse sur le haut du jambon, côtes à mi-ventre, flancs, dos, etc. Les cochons naissent avec la queue basse; ce n'est qu'à six semaines qu'elle se relève et se contourne à droite ou à gauche; ils la remuent presque continuellement, et c'est un indice de bonne santé.

On ne voit point de poitrail au porc, tant le col est court et la tête basse, les jambes de devant sont basses également, tandis que celles de derrière sont plus élevées, ce qui contribue à rendre cet animal lourd, raide et d'une figure désavantageuse. Les pieds ont quatre doigts; les doigts du milieu, placés en avant, sont plus longs que les deux autres, et ont un sabot pointu, en corne, qui porte sur la terre. Les pieds ou ergots de derrière (onglons postérieurs), ont aussi une corne semblable à celle du sabot; le sabot des deux sortes d'onglons s'arrache quand on brûle les porcs. Quelques auteurs, qui ont écrit sur le pourceau en différens tems, parlent de cochons solipèdes ou à pied d'une seule pièce. Aristote dit qu'il s'en trouvait en Illyrie et en Péonie; Gesner prétend en avoir vu en France et en Angleterre; et Linnée raconte qu'ils abondaient autrefois en Suède, particulièrement aux environs d'Upsal.

Le pelage du porc consiste en une espèce de poils droits, plians, d'une nature presque cartilagineuse que l'on nomme *soies*. Ces soies forment une crinière épaisse sur le sommet de la tête, le long du cou, le garrot et le corps, jusqu'à la croupe; elles se divisent à l'extrémité en plusieurs filets de six à huit lignes de longueur; on peut, en les écartant, fendre chaque soie d'un bout à l'autre. Au-dessous de la mâchoire inférieure est une verrue qui donne naissance à cinq ou six soies : nous verrons que cette disposition est la source d'une des maladies du cochon. Le groin, les oreilles,

les côtés de la tête, le ventre, le tronçon de la tête, sont presque nus, et le peu de soies que portent ces parties sont beaucoup plus courtes.

La manière particulière dont est disposée la graisse du cochon est semblable à celle des cétacées, qui est seulement plus huileuse. Dans tous les autres animaux la graisse se trouve entre les muscles, tandis que dans le porc elle forme un amas particulier qui tapisse l'intérieur du ventre : c'est la panne; et une couche continue entre la chair et la peau, c'est le lard. La langue est semée de petits grains blancs, et le palais traversé par plusieurs sillons larges et profonds. L'estomac est fort ample; une membrane ridée en tapisse une partie, le reste est revêtu d'un velouté très sensible ; le grand cul-de-sac de cette partie se prolonge en haut, se recourbe et se termine en forme de capuchon. Les intestins sont fort grands; le colon fait plusieurs circonvolutions avant de se joindre au *rectum*. On voit que le porc est conformé pour être glouton. Le foie a quatre lobes égaux ; la vésicule du fiel est oblongue ; la rate, très longue, a trois faces longitudinales; le cœur, placé obliquement, se montre plus ou moins alongé et pointu ; les organes sexuels mâles sont très développés.

Mœurs du porc. — Le porc, remarquable par sa conformation, ne l'est pas moins par ses habitudes, sa lasciveté et sa gourmandise. Quoique sa saleté soit passée en proverbe, il est faux qu'il se plaise dans l'ordure ; il est à cet égard comme les autres animaux, même les plus propres ; car la vache se couche sur sa bouse, le cheval et la chèvre se tiennent sur leur crottin, sans que pour cela on les ait taxés de malpropreté : s'il mange les ordures, les chiens l'imitent, et la propreté des bêtes ne consiste point dans le choix de leurs alimens. Le porc se frotte après les pierres et le bois, il se baigne souvent ; s'il se vautre dans la boue, c'est pour se débarrasser de la vermine qui le ronge, ou pour calmer ses mouvemens convulsifs lorsqu'il est en chaleur. Lorsqu'on le fait habiter sous les hangars, dits *toits à porcs*, dont nous parlerons plus tard, on l'habitue aisément à déposer son fumier dans une petite cour voisine. Loin que la saleté lui plaise et lui convienne, non seulement le porc n'engraisse jamais bien quand est tenu malproprement, mais encore il contracte la ladrerie, maladie qui l'affaiblit, le désorganise et finit par lui donner la mort.

Quant à leur gloutonnerie, elle est on ne peut mieux constatée : jamais les cochons ne sont rassasiés ; ils mangent goulument, ou plutôt ils dévorent ; leur tête, toujours baissée, cherche continuellement des alimens : s'ils boivent ou mangent plusieurs ensemble dans la même auge, ils se battent, crient, excluent les moins forts et les blessent quelquefois ; on est obligé de séparer les jeunes cochons des plus âgés, lorsqu'on apporte la mangeaille, parce que les derniers les estropieraient pour tout avaler. Si la mère n'était point attachée quand on apporte la boisson de ses petits, elle les écarterait et se dépêcherait de se l'approprier. Sur la fin de l'engrais, lorsqu'ils ne peuvent plus se mouvoir, qu'ils ont perdu l'usage de tous leurs sens, ils mangent encore; ils mangent jusqu'au dernier moment; dès qu'ils laissent de leur mangeaille, ils sont près de mourir. La truie mange l'arrière-faix, et quelquefois aussi les petits ; quant au verrat, si on le laissait près d'eux, il les dévorerait constamment.

Le verrat est un sanglier domestique; aussi, à dix-huit mois, commence-t-il à devenir méchant, et à deux ans il est toujours dangereux et féroce. Il est alors si éloigné du caractère mou et tranquille que la castration donne au cochon, qu'à la glandée on mène toujours un verrat comme un gardien sûr contre les loups. Quand il y a plusieurs verrats dans le troupeau, qu'ils se battent entre eux, ou qu'un seul verrat entre en fureur, le gardien n'a d'autre ressource que de grimper rapidement sur un arbre; mais ces cas sont extrêmement rares. La disposition de la truie à manger le délivre n'annonce point de férocité, puisqu'elle partage cette habitude avec toutes les femelles des animaux sauvages et domestiques, carnivores ou herbivores, même les plus pacifiques.

La gloutonnerie du porc fait présumer combien il doit être lascif. En effet, il l'est à l'excès; il peut s'accoupler huit ou neuf mois : le verrat peut suffire à vingt truies, et sa luxure le rend presque habituellement furieux. La truie est aussi presque toujours en chaleur; quoique pleine, elle recherche le mâle : à peine a-t-elle mis bas qu'elle le désire. Si elle n'est pas satisfaite, elle s'agite convulsivement, se vautre dans la boue, et répand une liqueur blanchâtre; dans ces sortes d'accès elle souffre les approches d'un mâle d'une autre espèce, tel que le chien : on est obligé de l'attacher séparément, ou de l'isoler des autres cochons, parce qu'elle les tourmenterait et les blesserait.

Parlons maintenant des bonnes qualités de ces animaux, que leur forme ignoble et leurs dégoûtantes habitudes ont fait calomnier. Les porcs ne sont pas aussi stupides qu'on le croit généralement. La truie, quoique mal nourrie, prend un soin particulier de ses petits; aux champs elle se retourne à chaque instant pour voir s'ils la suivent; elle leur fait part des racines qu'elle trouve en fouillant dans la terre : sont-ils éloignés un peu, elle les attend avec complaisance; jettent-ils un cri, l'inquiétude la saisit; veut-on en enlever un, elle s'élance pour le défendre, et son courage va jusqu'à la fureur. Le danger passé, elle rassemble sa famille, et s'il lui manque quelque cochonnet elle en fait la recherche avec un empressement, une angoisse, dignes du plus vif intérêt. Le premier usage que les cochonnets font de leur existence est de se traîner à la tête de leur mère souffrante, de la frotter de leur boutoir, comme s'ils voulaient la dédommager par leurs caresses des douleurs qu'ils viennent de lui causer. Après cela ils vont chacun chercher un mamelon qui devient leur domaine. Jamais ils ne se disputent pour s'exclure les uns les autres; et si quelqu'un de la troupe vient à manquer, la mamelle qui le nourrissait ne tarde point à se dessécher et se tarir.

Bien que le pourceau n'ait aucune sensibilité dans le goût et dans le tact; que la rudesse de son poil (si bizarrement nommé soie), la dureté de sa peau, influent beaucoup sur son naturel, il est susceptible cependant de ressentir les impressions de l'atmosphère; car, à l'approche d'un orage, effrayé, il quitte les champs et le troupeau de vaches ou de brebis auquel on l'adjoint souvent. Il court de toutes ses forces, toujours criant, sans se détourner ni s'arrêter, jusqu'à ce qu'il soit parvenu à la porte de son étable, qu'il reconnaît très bien ; il donne aussi des signes de docilité, d'intelligence; il distingue les personnes qui le traitent bien, il est même capable de s'attacher à elles, et le savant Parmentier assure en avoir vu de caressans. Il est superflu d'ajouter que ces témoignages de reconnaissance sont lourds, contraints et grotesques ; mais ils n'en sont pas moins intéressans aux yeux de l'observateur philosophe.

Races de porcs. — Les nombreuses races du porc, depuis le sanglier, souche de l'espèce, jusqu'aux variétés les plus éloignées, vont nous occuper successivement ; nous parlerons en détail des conquêtes qu'a faites l'économie rurale par le croisement de diverses races, et nous engagerons les cultivateurs à renouveler ces tentatives toujours profitables. Des agronomes éclairés et philanthropes, sachant quelles ressources l'éducation bien entendue du porc offrirait au pauvre cultivateur, et combien cette branche de commerce, convenablement cultivée, répandrait d'abondance dans le pays, se sont souvent et spécialement occupés de cet objet. La société d'agriculture de Paris avait, en l'an vii, proposé un prix de 600 fr. au mémoire qui résoudrait le mieux les questions suivantes : « Quelle différente race de porcs convient mieux à chaque département ? Quelle race devient plus grosse et engraisse plus rapidement? Quel croisement serait plus avantageux entre ces races et les races étrangères? » Le prix qui devait être décerné en l'an x n'ayant pas été remporté à ce terme, la société le prorogea jusqu'à l'an xiii. La société ne pouvant encore à cette époque décerner le prix, retira le sujet : quelques médailles d'or furent données à divers mémoires à titre d'encouragement. Ces mémoires contenaient des renseignemens précieux, quoique imparfaits.

L'auteur allemand du *Parfait Porcher*, les recherches de l'Anglais Arthur Young, prouvent combien cet objet paraît digne d'intérêt aux agronomes des contrées les plus doctes de l'Europe. Enfin, l'excellent travail de M. Viborg, professeur de l'école vétérinaire de Copenhague, ne laisse plus rien à désirer sur cette matière. C'est d'après ce mémoire que j'indiquerai les nombreuses races du porc, et les produits nouveaux obtenus par de sages croisemens. J'y adjoindrai aussi un extrait du nouveau *Cours complet d'Agriculture du* 19⁰ *siècle*, par les membres de la section d'agriculture de l'Institut (article de Parmentier).

Le sanglier se présente d'abord comme type et souche de l'espèce.

Sanglier, ou porc sauvage.

Le sanglier diffère du porc domestique par quelques caractères extérieurs, mais il lui ressemble par la conformation interne et même par les habitudes, à part l'influence qu'exerce l'état de domesticité chez le dernier.

La tête du sanglier est plus alongée que celle du porc; la partie inférieure du chanfrein se montre plus arquée; les défenses sont plus grandes, les oreilles plus courtes et un peu plus arrondies. Les soies, également plus courtes, sont plus implantées dans la chair; la queue, moins longue, demeure droite et ne se contourne jamais comme celle du porc. On voit entre les soies, selon les degrés de l'âge, une espèce de poil doux et frisé, jaunâtre, cendré ou noirâtre, ce qui fait que le pelage du sanglier ne paraît pas dur et plat comme celui du cochon. Même avant la naissance, dès que le poil commence à venir au fœtus, le sanglier est rayé de bandes longitudinales, alternant du fauve clair au fauve blanc, sur un fond blanc, brun et fauve; le jeune sanglier, appelé *marcassin*, porte, pendant six mois, ce premier poil, que les chasseurs nomment la *livrée*. Adulte, le sanglier a le groin, les oreilles, le bas des jambes, la queue, entièrement noirs; sa tête est couverte d'un mélange jaune et blanc, et l'on y voit de tems en tems une teinte noirâtre; les soies du dos sont serrées, courbées en arrière et d'un brun roux; une nuance blanchâtre paraît sur le ventre et les flancs. De trois à cinq ans, les sangliers ont les défenses fort tranchantes; après cet âge elles se courbent et coupent encore plus profondément; les chasseurs donnent alors à ces terribles animaux l'épithète de *mirés*.

Le sanglier se plaît dans les forêts humides et profondes, il y demeure pendant le jour couché dans les endroits marécageux; la place qu'il occupe se nomme *bauge*, et sert à le reconnaître, comme nous le verrons bientôt. Il sort le soir des bois, et va chercher sa nourriture dans les champs, les jardins voisins, et surtout les vergers et les vignes; il est omnivore comme le porc; comme lui, il est friand de fruits, de glands et de céréales; il aime à se vautrer dans les mares: c'est, en termes de chasseur, *prendre le souil*. Il fouille la terre avec son boutoir plus profondément que le porc, car les trous (nommés boutis) qu'il fait servent à donner aux chasseurs la juste mesure de sa tête; ils la fouillent toujours en ligne droite, et jamais, comme le cochon, de côté et d'autre. Les sangliers crient peu; mais lorsqu'ils sont surpris ou effrayés, ils soufflent avec violence: ils émigrent à la fin de l'automne, et il n'est pas rare alors de les voir traverser les fleuves et les grandes rivières à la nage.

L'époque du rut est ordinairement au mois de décembre: c'est un tems de combats furieux entre les mâles. La femelle, appelée *laie*, porte pendant quatre mois huit ou neuf petits, pour lesquels elle montre beaucoup d'attachement. Les sangliers vivent de vingt-cinq à trente-ans. De six mois à un an, les chasseurs les désignent sous le nom de *bête rousse*; entre un an et deux, la *bête rousse* devient *bête de compagnie*; après deux ans, c'est un *ragot*; à trois ans c'est un sanglier *à son tiers an*; à quatre ans, un *quartanier*; plus vieux, c'est un *porc entier*; très avancé en âge, le sanglier reçoit les noms de *solitaire*, et *vieil ermite*. On reconnaît l'âge du sanglier par l'empreinte qu'il laisse sur sa bauge, son souil, qui représentent la grosseur de son corps; les boutis, qui sont plus ou moins gros selon les années, annoncent aussi si l'animal est *bête rousse*, *ragot*, *quartanier*, etc. Les *laissées* ou fientes, plus ou moins grosses selon l'âge, servent aussi à le faire reconnaître.

Les traces des pas servent à distinguer le sexe de l'animal. Le sanglier a les pinces plus grosses, la sole, les gardes, le talon plus larges, les allures plus longues et plus assurées que la laie. Il pose les pieds de derrière en dedans ou en dehors à côté de la trace des pieds de devant, tandis que le porc pose toujours les pieds postérieurs derrière les traces de ceux de devant, et dans la même direction. Le tems le plus dangereux de la chasse du sanglier est lorsqu'il a trois, cinq ans, et quelques années de plus ; lorsqu'il est *porc entier*, il devient moins redoutable, parce que les défenses recourbées profondément ne sont plus si tranchantes, et ne peuvent agir aisément ; mais il arrive que les vieux sangliers, surtout quand ils ont été chassés, connaissant le besoin de ces armes naturelles, les rompent contre les arbres et les rochers pour les rendre aiguës.

Je donnerai peu de détails sur la chasse du sanglier, chasse onéreuse, qui nécessite un train dispendieux de chiens, de chevaux, et qui fait courir les plus grands dangers ; j'en expliquerai toutefois les divers modes, afin de ne rien laisser à désirer de tout ce qui se rapporte directement ou indirectement à l'animal qui nous occupe.

La manière la plus simple et la plus assurée de chasser le sanglier est la suivante. Quand on a reconnu ses traces dans un endroit, on s'y cache pendant la nuit, en l'attendant avec un fusil à deux coups bien chargé; puis, lorsque l'animal s'approche et mange paisiblement, on le charge à bout portant. On appelle cela chasser à l'affût. On peut l'attirer dans une clairière, en y jetant du gland quelques jours avant la nuit destinée à la chasse.

La seconde façon de chasser le sanglier consiste à le *traquer*. Pour cela, on tend de toile une partie de la forêt dans laquelle on l'a reconnu. Cette toile doit être tendue à une certaine distance de la bauge: on raccourcit cette enceinte peu à peu; les tireurs s'approchent graduellement, et agissent dès qu'ils sont assez rapprochés du sanglier. Cette méthode sert à prendre des marcassins vivans.

La troisième manière, ou la chasse du sanglier proprement dite, est celle qui exige le plus de frais et entraîne le plus de danger. Il faut avoir une meute nombreuse de chiens dressés à *coiffer le sanglier*, c'est-à-dire à se précipiter hardiment sur sa tête, et le retenir fortement par les oreilles, malgré les efforts indomptables de l'animal furieux, et ses terribles morsures, jusqu'à ce que les chasseurs l'achèvent avec un fusil à bout portant, ou avec un grand coutelas.

Les anciens faisaient une espèce de chasse aux jeunes sangliers; ils étaient dans l'usage de châtrer les marcassins qu'ils pouvaient enlever, et de les renvoyer ensuite dans les bois, où ces animaux acquéraient de la graisse et un goût exquis; on les chassait ensuite avec d'autant plus de facilité, que, comme nous l'avons déjà vu, la castration produit la chute des défenses.

La hure est le morceau le plus estimé : la cuisse, les côtes, le dos, sont bons aussi, pourvu que l'animal ne soit pas âgé, car autrement sa chair est dure, sèche, pesante. Les marcassins, les sangliers très jeunes, sont un gibier très délicat. On coupe les testicules aussitôt qu'il est tué ; sans cette précaution, toute la chair contracterait une odeur infecte, et l'on ne pourrait la manger.

Les sangliers se trouvent dans toutes les contrées tempérées de l'Europe et de l'Asie; on n'en voit cependant ni en Angleterre, ni dans les pays au nord de la mer Baltique.

Frédéric Ier, roi de Suède, les a introduits dans l'île d'OEland.

Porc de Siam ou porc chinois.

Ce porc est beaucoup plus petit que le porc commun ; il a les jambes courtes, le corps alongé ; ses soies sont peu abondantes, et la partie postérieure du dos est presque nue ; sa queue est courte et pendante ; il est tantôt noir, tantôt gris foncé, à bandes noires sur un fond fauve, presque comme les marcassins ; on le voit très rarement blanc. Les oreilles sont plus petites, le cou est plus long, plus épais, le boutoir plus court que dans toute autre race ; ce porc n'a pas l'allure pesante, les mouvemens contraints, la tournure stupide de l'espèce ; il est vif, propre, gentil, et beaucoup de personnes en font, surtout lorsqu'il est jeune, un objet d'amusement. Il est aussi un objet de lucre ; la femelle est très féconde, et donne de bons produits dès l'âge de huit mois. La chair de ce porc est plus blanche, plus délicate et moins indigeste que toute autre. Les Chinois, grands amateurs de cochonnaille, en élèvent de nombreux troupeaux; les derniers navigateurs ont trouvé cette espèce de cochon dans les îles de la mer du Sud.

Cochon de Guinée.

Ce porc n'est pas une espèce particulière, quoiqu'en disent quelques écrivains; il a plusieurs caractères de ressemblance avec la précédente espèce, dont il me semble une variété. Il a le poil court (le dos en est entièrement dépourvu), roux, brillant, doux et fin; le cou, la croupe, sont seuls couverts de soies un peu plus longues que celles du reste du corps. Cet animal diffère de notre porc français par la tête moins grosse, ses oreilles longues, minces, très pointues, sa queue longue, dégarnie de poils, et touchant presque à terre.

Cochon commun à grandes oreilles.

Le cochon commun (*sus scrofa domesticus*) diffère de la race sauvage, de la souche même de l'espèce, par de petites défenses, des oreilles longues, pointues, demi-pendantes, par sa couleur blanche jaunâtre, ordinairement sans tâches; il est porteur quelquefois de taches noires irrégulières; quelquefois aussi, mais très rarement, on en voit d'entièrement noirs. Cette race, très répandue en France, en Allemagne, en Angleterre, n'est ni robuste ni féconde; sa chair est grossière et fibreuse; elle offre diverses sortes d'abâtardissemens, parmi lesquelles certaines espèces méritent l'attention des cultivateurs. Quelques-unes de ces variétés prennent une taille extraordinaire, et produisent beaucoup de graisse et de lard, tels que le gros porc anglais, le porc normand, et le porc danois: le premier peut donner jusqu'à mille et douze cents livres de poids.

Porc de noble.

Cette race nouvelle provient du croisement opéré par M. Kortright, en Angleterre, entre le porc chinois et le cochon sauvage de l'Amérique septentrionale (sanglier européen porté dans ce continent, qui lui a fait subir quelques modifications). Le porc de noble, ou porc noble, est d'une stature peu élevée; sa hure est courte et pointue, sa nuque bien garnie de soies; ses oreilles sont petites, courtes et droites; son cou se montre épais et saillant par le bas; son corps est alongé, ses jambes sont courtes; sa croupe longue, large, arrondie, est accompagnée de larges cuisses; il ressemble beaucoup au cochon de Siam ou chinois; mais il est plus blanc et plus beau, exemple engageant des avantages que l'agriculture trouverait dans les croisemens multipliés des espèces.

Cochon anglais-chinois, ou Siam-anglais.

On doit cette race à l'économe M. Wit, agronome anglais: elle résulte de l'union du porc chinois et du gros porc anglais: elle est plus grande que la précédente; sa hure, droite et fine, est surmontée d'oreilles un peu saillantes et de moyenne grandeur; son col, épais et rond, garni par le haut de soies touffues, et saillant par le bas; ses épaules sont larges et fortes; ses flancs sont larges; son dos est droit et dépourvu de poils, caractère de la race chinoise; sa croupe est longue, arrondie, d'une belle largeur comme le précédent; son corps alongé est supporté par des jambes courtes; ses soies sont d'un blanc luisant. Cette race, très féconde, grandit promptement, et s'engraisse vite, avec facilité.

Porc danois.

La race du porc danois a deux variétés: une race de grands porcs dans le Jutland, une autre de porcs plus petits dans la Zélande.

Porc du Jutland. — Il a le corps alongé, le dos courbé, les jambes longues; il est un peu oreillard. Dès la deuxième année il peut avoir deux à trois cents livres de lard; aussi s'exporte-t-il annuellement dix mille porcs et douze cents milliers de lard; sa chair est moins délicate que celle des races obtenues par les croisemens précédens.

Porc de Zélande. — Voici quels sont ses caractères distinctifs: petite taille, oreilles courtes et relevées: corps raccourci, dos fortement garni de soies. Il pèse, dès la seconde année de l'engrais, cent à cent cinquante livres; un peu plus tard, comme porc gras, il va de cent soixante à deux cent quarante livres de lard. On exporte aussi ses produits.

Porc suédois mi-sauvage.

Cet animal est le métis du gros porc commun et du sanglier de Suède; il se trouve aussi dans le Danemarck et la Norwège; il tient beaucoup plus du sanglier que du porc. Sa hure large, son boutoir rebroussé, ses oreilles presque relevées, son corps alongé, ses jambes longues, sa démarche hardie, son naturel féroce, me semblent le prouver.

Porc de Pologne et de Russie.

Ce genre de porcs est remarquable par sa couleur rousse et sa taille exiguë; ils ne viennent jamais plus grands que nos marcassins.

Porc pie.

Résultat du croisement du porc domestique avec le cochon de Siam, le porc noir à jambes courtes, ou le sanglier. On trouve abondamment cette race en Allemagne, en Danemarck, en Angleterre, et en Berkshire. Dans cette dernière contrée, les fermiers la préfèrent généralement, parce qu'elle a les os petits et s'engraisse avec promptitude : elle a beaucoup de ressemblance avec le cochon commun.

Porc Turc ou de Mougolitz.

Voici une race de porcs qui vient de la Croatie, de la Bosnie et des provinces voisines de Vienne ; on la distingue à ses oreilles courtes, redressées et pointues, à sa hure mince et raccourcie, à ses jambes courtes et fines, à son corps dont la longueur excède à peine la hauteur, à ses soies minces et frisées de couleur gris clair ou gris foncé, rarement noires ; plus rarement encore on voit ce genre de porc d'un pelage rouge-brun. Les cochonnets ou cochons de lait sont gris-blanc ou rouge-brun, avec des raies noires le long de la partie dorsale des côtes. Ce porc, remarquable par sa figure singulière, est très recommandable par sa facilité à prendre l'engrais ; il lui faut tout au plus la moitié du tems nécessaire à l'engraissement de notre cochon ordinaire, pour atteindre un poids de trois à quatre cents livres. Comme il est indigène de la Turquie d'Europe, d'où il vient en troupes nombreuses dans la Hongrie et d'autres états de l'Allemagne, on le nomme porc turc.

Porc noir à jambes courtes ou porc ras.

Les traits particuliers à cette race sont la couleur noire, les jambes fortes et courtes, la hure raccourcie, la mâchoire épaisse, le front rabougri, le dessus de l'œil marqué de plissemens, le cou épais et fort, le corps rond quoique alongé, la peau très mince, les soies amincies et courtes, ce qui le fait nommer porc ras; enfin, les flancs presque nus, la queue droite, les oreilles courtes, légèrement pointues et relevées. Cette espèce se rapproche un peu du genre du cochon chinois; elle est ordinairement noire sans mélange : il y en a toutefois de couleur de feu. L'Espagne, la Calabre, la Toscane, la Savoie, la France méridionale, et plusieurs autres pays d'Europe et climats chauds d'Amérique, nourrissent cette race, dont la chair est savoureuse et le lard abondant.

Cochon de Portugal.

C'est la meilleure variété de la race précédente; elle se trouve en Portugal et dans les provinces voisines de l'Espagne; ces porcs fournissent les saucissons renommés de Bologne. Une variété de la même espèce se voit à l'ouest de la France; elle en diffère par la quantité du poil, plus fourni et plus long, par la couleur quelquefois tachée de blanc, et par la grosseur un peu plus forte chez le porc-français.

Porc de France.

Les races de cochons français sont des variétés de la race moins forte du porc commun, à grandes oreilles (*sus scrofa domesticus*). Ces races sont : 1° une race noire très commune au sud de la France; 2° une autre race pie, pie noire, pie blanche, au centre et à l'ouest; 3° deux races blanches qui se rencontrent plus au nord. La race de Westphalie et de la basse Allemagne est d'une teinte plus brune et d'une taille plus élancée; sa chair est plus ferme et plus délicate que celle des porcs de

France. On tire les jambons de Mayence de ces pourceaux de choix. Nous allons décrire ces diverses races en détail.

Cochon de la vallée d'Auge en Normandie.

C'est la race pure du porc; dans le nord, l'ouest, le centre de la France, elle est ordinairement croisée et forme avec des variétés infinies ce que l'on nomme le porc commun. Cette race pure de la vallée d'Auge a les caractères suivans : tête petite et très pointue, oreilles étroites, corps long et épais, soies blanches et peu abondantes, pattes minces, ars petits; elle se nourrit très bien avec du trèfle, de la luzerne, du sainfoin, en un mot avec des herbages; elle prend aisément la graisse, et parvient communément au poids de six cents livres en peu de tems.

Cochon blanc du Poitou.

Voici la deuxième race des porcs de France; elle est le contraste de la précédente : la tête est longue et grosse, le front saillant et coupé droit; les oreilles sont larges et pendantes, les soies rudes, les pieds larges et forts, les ars très gros; néanmoins son plus grand poids n'excède pas cinquante livres. Il est à remarquer, à propos de cette circonstance, que les porcs plus petits engraissent beaucoup plus facilement, et pèsent davantage.

Cochon du Périgord.

C'est la troisième race française; son poil est noir et rude, son cou court et gros, son corps large et ramassé. Les individus de cette race sont estimés, mais elle donne plus de profit quand on la croise avec la race des porcs du Poitou; ce croisement a donné le porc pic noir ou pie blanc, excellente race, très répandue dans les provinces méridionales de la France, et que les cultivateurs des autres parties du royaume devraient élever préférablement.

Cochon noir à jambes courtes.

Cette race, regardée avec raison comme la meilleure de toutes, est le résultat du croisement des cochons d'Asie avec la grande truie normande; cette espèce de métis a une teinte noire, interrompue par une bande blanche de cinq à six pouces de longueur, qui ceint la poitrine en arrière du cou ; elle réussit très bien dans les pâturages, où elle passe une grande partie de l'année, étant moins sensible aux impressions de l'air que les autres porcs. Il ne reste à la porcherie que les truies qui nourrissent, et les cochons mis à l'engrais, car il est indispensable de renfermer ces derniers.

Porc des Ardennes.

Petits cochons, mais larges, épais, mangeant de tout, devenant parfaitement gras en moins de huit mois d'engrais, et pesant autant que les porcs d'une plus grande stature ; leurs jambes sont courtes, leurs oreilles droites, leur groin alongé.

Porc dit de Champagne.

M. Thiébaut de Berneaud, qui a été à même de comparer cette espèce avec la précédente, dit que les cochons champenois sont beaucoup plus gros que les cochons des Ardennes, mais qu'après dix-huit mois d'engraissement ils ne pèsent pas davantage ; selon lui, les individus de cette race sont très sujets aux maladies et difficiles à nourrir; la chair en est peu savoureuse, les oreilles sont tombantes, les jambes hautes, le corps est alongé; c'est vraisemblablement une variété du porc commun à grandes oreilles, que nous avons déjà vu inférieure aux autres races de porcs (1).

(1) Je pense qu'il est bon d'ajouter à cette description détaillée de la race primitive du porc et de ses dérivés dans l'état domestique, une notice rapide sur quelques-unes de ses variétés encore peu connues, et sur les animaux qui s'y rapportent plus ou moins. Il n'y a nul doute que des navigateurs, des cultivateurs éclairés et persévérans, pourraient, en croisant ces races avec les races de nos climats, obtenir de nouvelles espèces, qui les paieraient au centuple de leurs soins.

Cochon d'Inde ou *Babiroussa*. — Cet animal va par troupes comme le sanglier, auquel il ressemble beaucoup. Il se nourrit de riz et de feuillages, principalement des feuilles du bananier. Il fournit fort peu de lard, mais sa chair est très délicate; les Indiens regardent sa graisse comme ce qu'il y a de meilleur. Le babiroussa est fort doux; mais néanmoins on a peine à le retenir en domesticité.

Sanglier de Madagascar. — Race particulière à cette île; il se nomme aussi sanglier à masque.

Cochon bas. — Race particulière de l'Amérique, nommé aussi cochon des bois, cochon cuirassé, et

CHAPITRE II.

MANIÈRE DE SOIGNER, ÉLEVER, NOURRIR ET ENGRAISSER LES COCHONS.

Ce chapitre s'adresse également au riche propriétaire, qui double ses fonds en faisant mieux *pécari* ou *patira*. Le pécari, qui a beaucoup de rapport avec le cochon marron (dont nous allons parler), en diffère parce qu'il marche par paire, que sa chair est plus tendre et plus savoureuse, et que la glande fistuleuse qu'il porte, comme lui, vers les hanches, secrète une humeur d'une odeur analogue à celle du musc. Sa couleur est noire ; aussi l'appelle-t-on encore le cochon noir de Barrère.

Cochon marron. — On sait que les Nègres fugitifs reçoivent le titre de marron : les colons ont donné la même dénomination au cochon ordinaire transporté d'Europe en Amérique et devenu sauvage. Cet animal est fort nombreux dans la Guyane : il ressemble beaucoup au porc domestique, mais il a plus de hardiesse et de vivacité ; sa taille est de deux pieds de hauteur et de deux pieds et demi de long ; sa queue est singulière, car elle est plate, tombante, et représente à son extrémité la pointe d'une langue humaine. Ainsi que le pécari, il a vers les hanches une glande fistuleuse, remplie d'une liqueur odorante, dont la

engraisser de grands troupeaux de porcs, et
au pauvre métayer qui adjoint un ou deux

fureur, la crainte ou l'amour, excitent l'émission.
Lorsqu'on a tué le cochon marron, il faut se hâter
d'enlever cette glande, car son odeur désagréable in-
fecterait toute la chair de l'animal. Cette chair est
ferme, délicate, et, ce qui est très précieux dans un
climat brûlant, son saindoux a la propriété de rester
figé malgré la chaleur. Ses soies sont d'un brun noir, et
sa peau est très rude. Les mœurs des cochons marrons
sont remarquables : ils marchent par bandes de quatre
à cinq cents. Un chef mâle est à la tête ; il les conduit,
donne le signal du départ, des haltes ; il avertit sa
troupe du danger, en faisant claquer ses dents ; les femelles et les petits sont placés aux derniers rangs. Ces
animaux sont intrépides et redoutables ; ils dévorent
les chiens, se font craindre du tigre même, qui n'ose
jamais attaquer que les traîneurs, et qui se hâte d'a-
bandonner sa proie et de grimper sur un arbre quand il
aperçoit la troupe. Quand un chasseur est hors de leur
vue, il peut en tuer jusqu'à trente sans qu'ils songent
à se retirer. Dans la saison des pluies, ils habitent les
montagnes et se mettent en course immédiatement
après les orages ; aussi les Indiens disent-ils que ces
animaux craignent le tonnerre. Parvenus au bord des
grands fleuves, ils nagent à l'ordre de leur chef, et
c'est alors que les naturels du pays, montés sur leurs
pirogues, les assomment aisément, sans se donner la
peine de les sortir de l'eau, parce que le courant les
dépose bientôt après sur le rivage. Quand les troupes
de cochons marrons traversent quelque village, c'est

cochons à quelques poules, pour assaisonner, pour accroître sa nourriture toujours monotone et quelquefois insuffisante. Si l'un et l'autre voulaient faire un choix raisonné de leurs élèves, les soigner convenablement, les substanter d'une manière uniforme, se défaire surtout du préjugé trop commun, que la malpropreté est favorable à l'engraissement du porc (comme si la saleté n'était pas une sorte de poison lent pour tous les êtres organisés), ils trouveraient des bénéfices quadruples de ceux qu'ils obtiennent en suivant, à l'égard de cet animal, les pernicieuses méthodes de la routine : nous espérons leur donner ici les moyens de parvenir à ce but.

une bonne fortune que l'on s'empresse de saisir. L'un des plus anciens historiens de la Guyane, le père Biet, raconte qu'en 1652 ces animaux vinrent à passer devant l'église pendant qu'il disait la messe ; aussitôt tous les assistans se précipitèrent sur leurs traces. Quoique courageux, le cochon marron s'apprivoise avec beaucoup de facilité, et même devient familier jusqu'à l'importunité. On aurait peu de peine à le soumettre à l'état domestique. Je dois cette intéressante notice à M. Noyer, membre de la société linnéenne.

Cochon ras. — Race très commune en Italie.
Cochon marin. — Espèce de phoque.

Petit Vocabulaire des termes en usage pour l'éducation des porcs.

Avant d'entrer dans le détail de cette féconde partie de l'économie rurale, je crois nécessaire de rappeler ou d'expliquer quelques-uns des termes en usage : La *cochonnerie*, comme dit le maréchal de Vauban (qui s'en est fort occupé), a son langage technique, ainsi que les autres arts. Ce petit vocabulaire contribuera à la clarté des indications, et familiarisera le lecteur avec toutes les expressions populaires, rurales et scientifiques qui se rattachent au sujet.

Arrière-faix ou *délivre*, masse d'humeurs qui suit la mise bas.

Coche, truie coupée et engraissée après avoir rapporté long-tems.

Cochonner, mettre bas, se dit de la truie.

Cochonneau, cochon de lait.

Cochonnet, jeune cochon châtré ; on nomme aussi cochonnet le cochon de lait.

Gestation, tems où la femelle porte les petits.

Glandée, époque où l'on conduit les cochons manger le gland.

Fainée, époque où l'on conduit les cochons manger la faine.

Langueyeur, expert dans les foires et marchés pour visiter les porcs et reconnaître leur état sanitaire à l'inspection de la langue.

Part, ou mise bas.

Porcher, gardeur de porcs.

Porchère, gardeuse de porcs.

Porche, truie qui rapporte.

Porcherie, lieu où l'on rassemble les porcs.

Saillir, la truie, la couvrir.

Taleau, gros baton que l'on suspend au cou des porcs pour les empêcher de trop courir.

Toits à porcs, habitation des troupeaux de porcs.

Tourlourat, cornet à bouquin dont se sert le porcher pour rassembler sa troupe.

Truie cochonnière, truie non coupée, qui rapporte.

Truie porchère, *idem*.

Ventrée ou *portée*.

Verrat, étalon.

Occupons-nous maintenant du choix du verrat et des truies, qui doivent fonder et perpétuer le troupeau ; ce choix doit être le premier soin du cultivateur.

Choix du verrat. — Le verrat étalon doit avoir les yeux petits et ardens, la tête grosse, le cou grand et gros, les jambes courtes et grosses, le corps long, le dos droit et large, la langue bien saine, les soies fortes, épaisses, blanches à leur racine : il peut, comme je l'ai déjà dit, suffire à vingt truies ; mais il vaut mieux ne lui en donner que seize, afin que les petits soient plus nombreux, plus forts et mieux constitués. Il entre en chaleur dès l'âge de six mois, mais il ne faut pas lui faire saillir la truie à cette époque ; il n'est pas encore assez formé. Quelques personnes prétendent qu'il faut attendre jusqu'à ce que le verrat ait atteint dix-huit mois ; cette opinion est une erreur ; le verrat deviendrait furieux si l'on tardait autant à le mettre avec la femelle : et, comme je l'ai déjà dit, à cet âge il est déjà méchant et commence à se montrer dangereux. A huit ou dix mois un verrat bien conformé est de bon service, et on peut lui confier la truie jusqu'à peu près l'âge de dix-huit, époque à laquelle on le châtre et on le met à l'engrais. M. Thiébaut de Bernéaud veut qu'on fasse servir le verrat depuis un an jusqu'à six.

Choix de la truie cochonnière, ou porchère.— Par la même raison qu'on n'engraisse le porc qu'à l'âge de neuf ou dix mois, parce qu'il grandit avant ce temps, il faut attendre que la truie ait pris toute sa croissance avant de la faire rapporter. Aussi est-il convenable d'attendre plus encore, afin qu'elle soit bien forte et en état de produire des petits bien conformés : pour cela on ne la fait saillir qu'à quatorze mois, quoiqu'elle soit long-tems avant en chaleur : nous donnerons plus tard le moyen de la calmer. Une truie peut produire jusqu'à huit ans ; quand elle est belle, féconde, que ses petits sont vigoureux, on fera bien de la conserver pendant cet intervalle ; on lui refusera ensuite le mâle, on la fera couper, et on l'engraissera ; plusieurs cultivateurs la mettent à l'engrais à six ans.

La truie doit, comme le verrat, avoir de grosses et courtes jambes, les ongles bien fendus, la tête grosse, le corps alongé, les reins et les épaules larges ; ses oreilles doivent être relevées, ses soies douces et brillantes, fines et formant un épi sur les épaules et sur les reins; son ventre doit être très ample; il est essentiel de la choisir d'une race saine et féconde, et de la grande espèce, dont les mamelles sont longues et nombreuses; les truies de cette espèce ont seize mamelles, tandis que celles de l'espèce plus petite en ont dix ou douze seulement; il n'est pourtant point indispensable que le nombre des mamelles soit de seize, car il est plus avantageux que la truie ne nourrisse que huit à neuf petits, afin qu'ils soient plus forts et plus gros. Il est important que la truie porchère soit d'un naturel tranquille et doux, parce que, méchante et vorace, elle pourrait devenir intraitable pendant la gestation, et dévorer les cochonnets immédiatement après le part.

Soins du verrat.—Il faut le faire vivre isolé, car il est redoutable aux cochons, qu'il mordrait; à ses petits, qu'il dévorerait; à la truie même quand elle est pleine, parce qu'il la ferait avorter. Quelques jours après qu'il aura habité avec la truie en chaleur, on le séparera d'elle; il faut le nourrir abondamment.

mais non pas de manière à l'engraisser; il doit être tenu très propre, vautré et baigné souvent.

Soins de la truie. — Lorsqu'on a une belle truie qui réunit les qualités nécessaires pour donner de beaux produits, il convient de la nourrir abondamment, mais d'herbes, de racines, de céréales bien délayées dans l'eau, afin de ne la point engraisser, jusqu'au tems où l'on voudra la faire voir le verrat : on mêlera quelquefois des herbes relâchantes à sa mangeaille, afin de calmer son tempérament: la pimprenelle, la poirée, la laitue surtout, rempliront très bien cet objet; elle sera toujours assez en chaleur, mais si par hasard son désir du mâle ne se rencontrait pas avec vos calculs pour faire naître les petits à telle ou telle époque, vous l'exciteriez avec quelques poignées d'avoine grillée. Dès qu'elle est en chaleur il faut l'isoler des autres cochons, parce que, comme je l'ai déjà dit, elle les tourmenterait et les fatiguerait; vous éviterez qu'elle s'accouple avec un mâle d'espèce différente.

Vous renfermerez seulement quelques jours

la truie avec le verrat, et vous les séparerez ensuite; il n'est pas nécessaire de les remettre ensemble, car ordinairement elle conçoit de la première fois qu'elle a reçu le mâle. Aussitôt que la femelle est pleine, il faut augmenter sa nourriture graduellement, mais se garder de l'approvisionner de manière à l'engraisser, parce qu'elle périrait en cochonnant, ou manquerait de lait et écraserait les cochonnets sous son poids; il faut néanmoins éviter de la nourrir avec le trèfle vert, les choux, les raves et autres plantes remplies d'air, parce que ces substances la gonfleraient et la disposeraient à l'avortement. Il y a des truies qui avortent très facilement; lorsqu'après plusieurs ventrées vous leur aurez reconnu cette disposition constante, il faut sans délai, les faire couper et les mettre à l'engrais.

Gestation.—Les truies portent de cent treize à cent quatorze jours, ou, comme on dit vulgairement, trois mois, trois semaines, trois jours: c'est parce que leur gestation ne dure pas tout-à-fait quatre mois, que des personnes cupides leur font produire trois ventrées par an; mais la cupidité va diamétralement contre son but; car les petits sont moins forts, la truie se fatigue, nourrit mal, avorte souvent; il vaut infiniment mieux qu'elle n'ait que deux portées chaque année; les cochonnets réussiront mieux, seront plus beaux et plus nombreux à chaque fois.

Si vous voulez élever les cochonneaux pour les engraisser, faites saillir la truie au mois d'octobre, pour qu'elle cochonne au mois de mars, ou mieux encore au mois de novembre, pour que les petits naissent vers le mois d'avril; ils seront alors assez avancés à l'époque des froids, auxquels ils sont très sensibles, et les supporteront sans inconvéniens : si l'on se dispose à les vendre comme cochons de lait, on les fait naître dans la saison la plus favorable, et par conséquent à l'approche du carnaval. La première portée d'une truie produit toujours des cochonnets faibles; il sera bon de se défaire tout de suite de ceux-ci.

Il arrive souvent qu'avant et après la mise bas, la truie devient intraitable : elle veut mordre tous ceux qui l'approchent, même la personne qui lui donne à manger. Si, comme on ne le fait que trop alors, on la bat, on la maltraite, sa méchanceté augmente en proportion des mauvais traitemens, et peut contribuer à la faire avorter ; il vaut cent fois mieux la prendre par la faim, à laquelle aucun animal, et surtout un animal de cette espèce, ne peut résister. Veut-elle vous mordre, retirez-lui sa mangeaille; ne la lui rendez que quand elle se montrera paisible, et dans ce cas ajoutez-y quelques poignées de grain. S'il fait beau, conduisez de tems en tems la truie pleine aux champs, mais ne lui faites pas faire de longues courses.

Part.—On reconnaît l'approche du part par le lait qui vient aux mamelles de la truie; si elle est en liberté elle l'annonce elle-même en portant avec son groin des brins de paille pour se préparer une litière dans un coin de son étable. La nature indique aux femelles des animaux, de plier les genoux et de relever la croupe : lorsqu'elles se couchent, le part paraît devoir être laborieux, et l'on est forcé d'aider le pauvre animal en travail; mais, chez les multipares, ou portant plusieurs petits, le part a toujours lieu quand la femelle est couchée; c'est ce qui arrive à la truie. Les cochonneaux viennent successivement selon l'ordre de leur position, et non selon leur degré de force, car souvent un petit faible naît avant un petit plus vigoureux, qui le pousse par ses efforts.

La truie produit communément dix à douze petits; cependant il en est beaucoup qui ont quinze, vingt petits; il y a même des exemples de portées de trente à trente-sept cochonneaux, mais ce cas est rare et n'est guère désirable : la truie est épuisée, la plupart des petits sont contrefaits, et le reste manque presque toujours de force et de vigueur. Nous reviendrons sur la fécondité des truies.

La truie jette un arrière-faix ou délivre après être accouchée de quatre, cinq ou six petits, suivant que la quantité qu'elle porte est plus ou moins considérable. Les arrière-faix sont ordinairement au nombre de trois, et le dernier est plus volumineux que les deux autres. Il faut les lui ôter, quoique d'habiles vétérinaires assurent que le délivre ne peut, en aucune manière, incommoder la truie en travail : il faut l'empêcher de contracter la mauvaise habitude de le manger, parce que cela pourrait la conduire à manger aussi les petits. Après la sortie du dernier arrière-faix, donnez à la truie des rôties de pain grillé trempées dans du vin sucré; s'il fait chaud, ajoutez de l'eau au vin, ou remplacez les rôties par une boisson blanche, composée de lait, d'eau et de bonne farine de froment.

La sortie du délivre suit immédiatement pour l'ordinaire la naissance des cochonneaux: il retarde quelquefois ; lorsque ce n'est que de peu de tems, ne vous en inquiétez pas et ne tourmentez pas la truie par vos efforts, donnez-lui seulement un peu de pain grillé trempé dans du cidre, de la bière, ou du vin. Mais si l'arrière-faix n'était pas extrait au bout de douze heures au plus tard, il serait urgent d'appeler le médecin vétérinaire. Si le fœtus venait contre nature, il faudrait l'appeler également; mais presque toujours la truie cochonne avec facilité. Quand par hasard les organes affaiblis de l'animal ne peuvent faire d'assez vigoureux efforts pour opérer plus promptement la délivrance, on lui donne d'heure en heure le seizième d'un litre de vin, ou une bonne eau blanche bien salée.

Allaitement des cochonneaux. — Le nombre des petits doit être proportionné à celui des mamelles; il faudra de toute nécessité nourrir à part les petits qui excéderaient la quantité des mamelons, parce que chaque cochonnet en prenant un à demeure, ceux-ci se trouveraient tout-à-fait dépourvus. On choisira les plus faibles, on prendra de préférence ceux qui seront contrefaits, et après les avoir nourris pendant une quinzaine de jours au biberon, à l'eau blanche, ou les avoir confiés à une autre mère, s'il y a lieu, on les tuera comme cochons de lait.

Pendant les premiers jours qui suivent le part, on laisse continuellement les petits avec leur mère, parce qu'elle est constamment couchée; dès qu'elle se relève, il faut les séparer, et ne les réunir que chaque six heures. Comme la truie tombe lourdement pour faire prendre ses mamelles aux cochonneaux, il est important de les arranger dans la direction convenable afin qu'elle ne les écrase pas; elle allaite pendant un quart d'heure; ce tems écoulé, elle se retourne et continue d'allaiter un quart d'heure encore. La truie se relève ensuite:

c'est le moment d'enlever les petits, de les remettre dans la partie de l'étable que vous leur aurez assignée, et de leur donner à manger. Pour ménager le lait de la mère, vous leur ferez d'abord boire de l'eau blanche, rendue telle par l'addition de la farine d'orge, et des caillées de lait; et un peu plus tard, vous leur présenterez une bouillie de racines cuites, de pommes de terre cuites broyées, et d'orge moulue. Grâce à cette précaution, la truie nourrice conservera ses forces, et produira de beaux cochonnets à la ventrée suivante.

C'est une erreur de croire que le premier lait épais et jaunâtre soit dangereux; au contraire, il purge les petits et débarrasse leurs intestins du *meconium*, substance noirâtre et visqueuse qui les tapisse. Cela est si vrai, que lorsque quelque maladie de la mère, ou sa mort en mettant bas, ou toute autre cause empêche les cochonnets de prendre ce premier lait, il faut le remplacer par de très légers purgatifs. C'est une nécessité pour tous les animaux. Dans toutes ses opérations, la nature a un but salutaire.

Pour empêcher la truie de manger les petits après leur naissance, vous aurez eu soin de la nourrir plus abondamment que de coutume, et des choses que les porcs préfèrent, comme de l'orge, du maïs, un peu de pain grossier. Si vous craignez encore, malgré cette précaution, frottez les cochonnets avec une éponge trempée dans une décoction de coloquinte, aloès, chicorée amère, ou toute autre plante d'une forte amertume. Si quelque cochonnet périssait à la suite du part, et que vous voulussiez faire adopter à la mère le petit surabondant d'une autre truie, il sera bon de frotter un peu celui-ci avec de l'arrière-faix ; si cela ne réussit pas, vous couvrirez le cochonnet adoptif de la peau de celui que la truie a perdu : elle y sera entièrement trompée.

La truie est ordinairement bonne mère ; elle a comme toutes les femelles une vive sollicitude pour ses petits ; mais il y a des exceptions. Il arrive quelquefois que la femelle du porc (comme au reste beaucoup de femelles de tout autre animal) refuse obstinément d'allaiter ses petits. Vous vous assurerez d'abord que les mamelles sont en bon état ; si vous y reconnaissez quelques fentes, crevasses ou boutons, vous les frotterez de graisse, de miel, et vous remédierez aux boutons avec un peu de sel fondu; dans le cas contraire, vous approcherez les petits et leur mettrez le pis dans la gueule, tandis qu'une autre personne tiendra la truie. Si elle s'efforce d'échapper et continue ensuite à repousser ses petits, vous l'attacherez par le cou et les pieds, après des poteaux, et vous la ferez téter malgré elle. Les Espagnols sont dans l'usage d'agir de la manière suivante, pour contraindre une femelle quelconque à allaiter : ils lui attachent le pied à un piquet, puis passent dessous la poitrine une espèce de fourche façonnée en Y. Cette machine est assez élevée pour que le devant du corps s'y trouve suspendu. Dans cette position gênante, la mère ne peut s'opposer à ce que le petit la tète, ce qu'il fait avidement. Elle devient ordinairement docile avant d'avoir subi trois fois cette épreuve.

Il est essentiel de tenir les cochonnets et la truie chaudement, et sans la moindre humidité; de renouveler souvent leur litière; de donner à boire aux petits dans un baquet plat, de crainte qu'ils ne se noient, et de ne leur présenter leur ration que lorsque la mère est attachée, et que les autres cochons sont absens, parce qu'ils se jetteraient, ainsi qu'elle, sur l'auge, leur disputeraient leur nourriture, et pourraient les estropier en les écartant. La truie porchère doit avoir, pendant la première quinzaine, matin et soir, un picotin d'orge cuite ou moulue, et de l'eau blanche produite par deux poignées de son sur un seau d'eau tiède; outre cela on la nourrit amplement avec des racines cuites, écrasées et mélangées de petit-lait et de farine d'orge. Au bout de quinze jours, si la saison est douce, elle peut aller aux champs; ses petits la suivent, et elle les allaite souvent debout en mangeant et en fouillant la terre.

Quand les cochonnets auront environ trois semaines, il faut enlever ceux que l'on veut vendre comme cochons de lait; ils sont beaucoup meilleurs à cet âge qu'à quinze jours; il va sans dire que l'on choisira, pour cela, les moins vigoureux et les moins bien conformés. Avant de les enlever, on fera sortir de l'étable la mère, dont on excitera la gourmandise par quelques poignées de grains ; on la conduira un peu loin, afin qu'elle n'entende pas leurs cris ; on la tiendra quelque tems hors de l'étable, et lorsqu'elle y rentrera, on recommencera à lui donner du grain pour l'occuper. Comme nous avons dit que chaque cochonnet a son mamelon particulier, ceux que suçaient les petits enlevés ne tarderont point à se sécher et à tarir ; les autres petits n'y toucheront point : ce qui, par parenthèse, s'accorde peu avec l'avidité gloutonne de cet animal. Six ou huit petits suffisent à la truie, un plus grand nombre l'épuiserait, la famille croîtrait lentement, et manquerait de vigueur. Les cochonnets que l'on destine à mourir cochons de lait, doivent être nourris au lait seulement ; on peut leur donner un peu d'eau blanche, mais il ne faut pas les faire manger.

Sevrage des cochonnets. — A mesure que les petits grandissent on les laisse moins téter, et on leur prépare un mélange de caillés, de petit-lait, de son gras, de farine d'orge, seigle, maïs, délayés dans de l'eau de vaisselle. La truie allaite trois semaines environ : on sèvre alors les petits, et on leur donne de l'orge et de l'avoine concassées, mêlées avec des racines cuites. Il faut veiller à ce que les petits ne se tètent pas mutuellement, habitude qu'ils contractent avec beaucoup de facilité et qui les épuise à l'excès; peut-être deviendra-t-il nécessaire de les séparer. Dès qu'ils commenceront à s'accoutumer au sevrage, vous leur retrancherez les grains concassés, vous leur donnerez seulement des choux, des carottes et autres racines cuites, et vous les conduirez aux champs, en évitant de faire paître ensemble les mâles et les femelles.

Castration. — Les jeunes cochons ayant atteint trois mois, il faut faire un second choix. On prendra parmi les mâles celui dont le corps est le plus long, les jambes les plus fortes, pour en faire un verrat; parmi les femelles, la plus grande, la mieux conformée sera mise à part pour devenir truie cochonnière : on choisira ceux que l'on veut conduire aux foires pour les vendre, et l'on fera châtrer tous les autres. Dans le midi de la France et dans les provinces où l'on a de belles races de porcs, on fera bien d'élever tous les cochonnets, tandis qu'ailleurs il faudra s'en débarrasser, soit à l'âge de trois semaines, comme cochons de lait, soit à trois mois, comme cochons de foire.

La castration nuisant toujours un peu à l'accroissement de l'animal, les cochons coupés un peu tard sont plus gros que ceux que l'on châtre à quinze ou vingt jours, comme on est dans l'habitude de le faire; mais la plaie est plus douloureuse et guérit plus difficilement. Quant aux jeunes truies, on les coupe à la mamelle à huit ou dix jours. De toutes les femelles des animaux, c'est celle que l'on châtre le plus aisément : l'opération, chez elle, est suivie d'une prompte guérison. A trois, à six mois, même plus tard, on peut la lui faire subir, puisque nous savons qu'après avoir rapporté pendant plusieurs années, elle est coupée et mise à l'engrais; il est vrai de dire que l'opération alors a moins de succès que dans la première jeunesse.

Les mâles se châtrent aussi avec assez de facilité; néanmoins il est plusieurs précautions à prendre : quand ce ne serait par intérêt, un reste de pitié pour ces malheureux animaux que l'on mutile si cruellement, doit engager les cultivateurs à tout faire au moins pour adoucir leur sort.

Choisissez un beau jour de soleil, un tems sec et tempéré, parce que l'humidité contribue à augmenter les douleurs du patient; que les grands froids peuvent lui occasioner l'inflammation du ventre, et que les chaleurs pourraient l'exposer à la gangrène. Il est important que l'animal soit gai, que la dentition ou les tranchées ne le tourmentent nullement; enfin, qu'aucune affection maladive, aucun malaise ne se joigne aux douleurs qu'il doit éprouver.

Il est encore non moins essentiel de le confier à l'artiste vétérinaire, et non à ces charlatans de profession, charlatans routiniers qui, par leur ignorance et leur dureté, agissent plus en bourreaux qu'en médecins. Enfin, il faut choisir le mode le moins cruel de castration; il y en a cinq différens : la castration par arrachement semble devoir être préférée.

Ainsi que tous les animaux mutilés, qui perdent les marques de leur force et de leur vigueur, le verrat est privé de ses crochets ou dents canines, appelées défenses; il prend alors spécialement le nom de cochon : son naturel ardent et féroce l'abandonne; il devient pesant, tranquille; sa gourmandise ordinaire s'accroît encore, dispositions favorables à engraisser, comme l'on voit.

Lorsqu'on châtre un verrat après qu'il a long-tems servi, l'opération demande de l'habileté et de la prudence : il faut bien s'assurer de l'animal, en le faisant tenir par les oreilles et par les pieds, autrement on pourrait courir des dangers.

Manière d'élever les cochons avant de les mettre à l'engrais. — Les porcs vivent quinze à vingt ans, et leur accroissement dure quatre à cinq ans et au-delà; mais jamais on ne les laisse parvenir, non-seulement au terme naturel de leur vie, mais encore à celui de leur accroissement (le verrat et la truie porchère exceptés); de dix mois à un an on le met à l'engrais, et six ou huit, ou au plus tard dix-huit mois après, il entre dans le saloir.

Jusqu'à l'époque de l'engrais il faut rationner le cochon, c'est-à-dire lui donner une nourriture modérée, plus délayante que substantielle, telle que fourrages verts, racines cuites ou crues : broyées dans le premier cas, et baignées d'eau ; coupées en tranches menues, dans le second cas. Il est urgent de favoriser leur développement par la propreté, quoi qu'en disent la routine et la paresse, qui trouvent leur compte dans l'opinion contraire. Le porc a besoin d'être pansé à la main, surtout quand il est petit ; car il a des poux, de la crasse, et cette crasse, cette vermine lui nuisent extrêmement. La malpropreté, l'humidité, l'échauffement sont les principales, pour ne pas dire les seules causes des maladies de cet animal.

Les habitations des cochons doivent être doubles au moins de l'espace qu'il occupe étant couché ; il faut qu'elles soient pavées, bien garnies de litière, et que le terrain aille un peu en pente pour l'écoulement des urines ; il faut encore qu'elles soient abritées du froid en hiver, et surtout de l'humidité, pour éviter que les porcs ne prennent des douleurs. En été elles seront ouvertes au nord ; au milieu de l'étable on plantera des poteaux, afin qu'ils puissent se frotter après. Tous les animaux en ont besoin pour nettoyer leur pelage, se gratter, se débarrasser des insectes qui les rongent, ou en adoucir les piqûres; mais cela surtout est nécessaire au cochon, dont les soies sont si rudes, les mouvemens si contraints, et dont la vermine est si multipliée.

Les étables dites *toits à porcs*, sont ce qui convient le mieux; ces habitations ont une ou plusieurs portes formées d'une planche suspendue en cloche, que ces animaux ouvrent eux-mêmes en relevant le bas avec leur groin, pour aller déposer leur fumier dans une petite cour exposée au soleil, et attenante à leur étable, dont les murs sont percés d'autant de trous qu'il y a de porcs. Leur auge en bois est en dehors auprès de la porte; quand on veut leur donner à manger, on la pousse un peu vers l'entrée, on soulève la planche, et le porc, passant la tête sous la porte suspendue, prend son repas sans sortir, ce qui est important lorsqu'il est à l'engrais.

En hiver il ne faut point faire sortir le porc par les grands froids, les pluies ou l'humidité; en été, pendant les fortes chaleurs, il faut le mener paître soir et matin à la fraîcheur, le faire vautrer, baigner; enfin en tout tems le tenir proprement, et renouveler souvent sa litière.

Nourriture des cochons. On sait que les pourceaux mangent ordinairement tout ce qu'on leur présente; l'économie rurale met cette disposition à profit pour les nourrir des productions végétales particulières à chaque pays, et des débris que multiplient les circonstances. Par exemple, dans le voisinage des forêts, on donne aux porcs du gland et de la faîne; dans celui d'une brasserie, d'une fabrique de sucre de betteraves, d'une amidonnerie, d'une huilerie, on leur donnera en petites portions *les pains ou tourteaux* des marcs de bière, de betteraves, colza, navette, graine de lin, chenevis, noix, amandes, etc.; les débris d'une fonderie de suif leur servent aussi de nourriture, ceux du jardinage leur conviennent parfaitement. Les propriétaires de vergers composent en partie leur mangeaille avec des fruits non mûrs ou pourris. Dans les départemens de la

Sarthe, de Maine-et-Loire, où les citrouilles abondent, on les nourrit avec ce légume. Dans la Haute-Auvergne, la même raison fait qu'on leur donne des châtaignes. Les habitans des Alpes les nourrissent de lait et de ses produits. Ceux dont les terres sont en prairies, envoient paître les porcs dans la tréflière (pièce de terre semée de trèfle), ou luzernière (pièce de terre semée de luzerne), quand les vaches et les chevaux les ont broutées ; ces animaux mangent les restes de l'herbe, qui seraient perdus sans eux, car ils ramassent tout, ne donnent presque point de peine, et grâce à leur appétit, il n'est aucune chose qui n'ait son utilité.

Aux États-Unis, où la main-d'œuvre est si chère, on divise les champs de pommes de terre à quatre perches de distance du commencement ; on met dans cette division les porcs et une auge pleine d'eau claire : ils fouillent avec leur boutoir, et ne laissent pas échapper le moindre tubercule. Ont-ils fini de labourer, on replace la division quatre autres perches en avant, en avançant les porcs et leur auge ; on épargne ainsi les frais de récolte et ceux de la préparation des terres.

Toutes les céréales moulues, cuites, concassées, pures ou mélangées avec des racines conviennent parfaitement au porc, mais sa nourriture spéciale la plus économique et la plus profitable, est la pomme de terre. M. Thiébaut de Bernéaud affirme, d'après son expérience personnelle, que vingt-cinq doubles décalitres de pommes de terre donnent cinquante kilogrammes de viande ou de graisse; il la considère ici comme un moyen d'engrais; elle n'est pas moins bonne comme nourriture ordinaire, pour favoriser en même tems la croissance des porcs, les empêcher d'être voraces, les rafraîchir, et les disposer à l'engraissement en distendant leurs viscères. La manière de préparer la pomme de terre produit ces différens effets : pour nourrir les cochons, on la leur donne de deux façons : ou cuite et délayée avec des débris de jardinage, dans une grande quantité d'eau; ou crue, et coupée en tranches minces. Nous dirons plus tard comment on arrange les pommes de terre pour l'engrais : si l'on a beaucoup de porcs à élever, on pourra se servir pour diviser cette racine, d'une machine particulière. Voyez *Nouveau Cours complet d'Agriculture du* 19ᵉ *siècle*, par les membres de la section d'Agriculture de l'Institut. La solanée parmentière est, de toutes les espèces de pommes de terre, celle qui convient le mieux aux cochons.

Cochons aux champs. — Le soin de quelques porcs occupe presque exclusivement la première jeunesse des enfans du pauvre métayer. Dans le Bourbonnais, ainsi qu'en beaucoup d'autres lieux, on rencontre sur tous les chemins de la campagne, le long des fossés qui bordent les haies et les champs, ces animaux mangeant jusqu'au dernier brin d'herbe, fouillant la terre pour recueillir le moindre ver. A leur rentrée, on leur donne quelques débris, les eaux ménagères, un peu de pommes de terre, et cette misérable nourriture est une habitude générale et forcée. Le métayer toutefois aurait plus de profit à substanter plus convenablement ses cochons : et pour cela il suffirait de leur ramasser des herbes, des glands, des fruits tombés de l'arbre; de mélanger tout cela avec des racines à vil prix qui abondent toujours chez le cultivateur, telles que navets. carottes. Lorsqu'il serait obligé de leur acheter quelques boisseaux de pommes de terre, il devrait le faire sans hésiter, parce que la croissance rapide de l'animal, sa bonne disposition à l'engrais, doubleront son prix à la foire, ou contribueront à approvisionner toute l'année la famille de viande et de lard : j'invite les agronomes, les propriétaires, à faire sentir aux paysans leurs véritables intérêts.

Le porcher d'un troupeau de porcs a plusieurs choses à observer : il doit d'abord ne pas en conduire plus de soixante à la fois, parce que les cochons, naturellement indociles, sont encore plus difficiles à gouverner quand ils sont rassemblés. Il ne les conduira que sur les jachères, les friches, les bois, dans les lieux humides et marécageux, où ils pourront trouver des vers et des racines en fouillant le sol : s'il a à les mener paître dans un pré, un champ où en fouillant ils causeraient trop de dégâts, il priera le maître de les faire *piquer*, c'est-à-dire de leur faire percer le boutoir avec une grosse aiguille ou petite broche pointue en fer, rougie; pendant quelque tems, la douleur qu'ils ressentiraient en fouillant, les force de se contenter de paître; il y a des porcs capricieux, envers lesquels on est toujours obligé de prendre cette mesure : quelque bonne, quelque abondante nourriture qu'ils aient, ils préfèrent bouleverser le terrain.

Il est toutefois des localités où l'on met à profit cette disposition des porcs. Dans les vergers pleins de pommiers à cidre de la Basse-Normandie, on met de jeunes cochons qui se nourrissent des pommes verreuses, et tombées avant maturité. Dans leur gourmande *inquiétude*, ils fouillent le terrain tout autour des arbres, qu'ils rafraîchissent de cette façon. Aussi en certaines communes les nomme-t-on *petits cultivateurs*; mais à mon avis, ceux qui leur donnent ce titre, ne sont pas eux-mêmes des cultivateurs bien grands.

Le porcher aura soin d'écarter ses porcs des voieries, des boucheries, des fumiers; il les empêchera de s'enterrer dans les amas de fange et de débris, parce que leur peau se remplit d'ordures, et que les intervalles de leurs soies se couvrent d'une croûte épaisse, qui arrête la transpiration, nuit à leur développement, et les dispose à la gale. Il se munira d'un cornet à bouquin, appelé vulgairement *tourlourat,* dans lequel il soufflera pour rassembler son troupeau; cela lui sera quelquefois difficile : quoique généralement les cochons soient lourds, tranquilles, et ne songent qu'à manger, on en voit, surtout dans les jeunes, qui se plaisent à courir sans but, sans écouter la voix de leur gardien, et sans même regarder la nourriture qui se présente à eux. Pour retenir ces coureurs, on se sert d'un *taleau;* c'est un morceau de bâton très gros, ou de petit poteau, d'une longueur relative à la taille du cochon : il doit être assez alongé pour traîner un peu sous le ventre de l'animal, après qu'on le lui a suspendu au cou avec une corde. Ce taleau qui passe entre les jambes de devant, embarrasse le cochon dans sa course, mais ne l'empêche pas de marcher commodément.

A la glandée, le porcher maintiendra la paix entre ses cochons: il les éloignera des animaux étrangers, des chiens, surtout le verrat, qui devient si aisément furieux; du reste, il aura peu d'occupation : le porc est si friand de glands, qu'il passe la journée entière à manger, sans s'écarter : il suffira de lui donner de l'eau blanche, ou même de l'eau claire à son retour. A la faînée, c'est exactement la même chose : si l'on a le choix, il faut préférer la glandée : le fruit du chêne affermit la chair et la graisse du pourceau, et lui donne un goût savoureux, tandis que le fruit du hêtre a l'effet contraire ; le porc nourri de faîne a la chair mollasse, le lard flasque et sans saveur : le marc de ce fruit n'entraîne pas les mêmes inconvéniens, parce que la pression l'a privé du caractère mucilagineux qui amollissait trop la substance du porc. Manque-t-on de pressoir et de tems, on peut mélanger la faîne avec d'autre nourriture, ou bien conduire alternativement le troupeau dans les endroits où se trouvent la faîne et le gland ; mais il faut les mener bien moins souvent à l'une qu'à l'autre.

Au reste, cette précaution de mélanger les diverses sortes de mangeaille, ne regarde pas seulement la glandée et la faînée, il est essentiel de varier la nourriture des porcs ; ainsi la laitue et les cucurbitacées les rafraîchissent, et sont utiles de tems en tems, mais données sans interruption elles leur occasioneraient la diarrhée; les herbages seuls ne sont pas assez nutritifs: les pains ou tourteaux sans mélange échauffent le porc et le disposent à la maladie *du feu ou du sang.*

Les caillés de lait, les débris de beurre et des fromages, tels qu'on les donne purs aux cochons des chalets sur les Alpes, produisent un effet analogue à celui de la faîne: le lard est mou et ne gonfle pas au pot; les acerbes seuls excitent trop l'estomac; enfin, la pomme de terre, cet excellent aliment du porc, lorsqu'il le nourrit uniquement, le fait fienter plus liquide qu'à l'ordinaire, et par conséquent finit par fatiguer les organes de la digestion.

Je terminerai ces considérations sur la nourriture du porc par les observations suivantes: lorsqu'une tréflière, ou luzernière n'a pas encore été broutée par quelque animal, il vaut mieux faucher le trèfle (1) ou la lu-

(1) Le trflèe des prés, triolet ordinaire (*trifolium pratense*), qui vient en terre humide et fleurit en juin-août, est le fourrage le plus favorable aux pourceaux.

zerne, et les faire manger dans l'étable aux cochons, que de les conduire dans ces sortes de prairies qu'ils fouilleraient, et où ils gâteraient beaucoup d'herbe. Comme il a été dit précédemment, ils ne doivent y paccager qu'après les chevaux et les bêtes à cornes : on aura soin de leur faire une enceinte, que l'on renouvellera à mesure qu'ils auront bien rasé le trèfle. Si l'on se trouve avoir de la viande gâtée, il ne faut point la donner crue aux cochons, parce qu'elle les échauffe, se digère difficilement, et les rend furieux; du reste, il importe de ne pas exciter le goût qu'ils ont pour la chair et le sang.

Chez les habitans de la campagne, qui ont l'habitude de les laisser roder dans leurs maisons toujours ouvertes, cette excitation pourrait amener les plus terribles résultats; on a vu quelquefois des porcs dévorer des enfans au berceau. La viande cuite n'a pas les mêmes inconvéniens, et par parenthèse, il est bon de faire cuire autant que possible, la mangeaille du porc, et de lui donner toujours sa boisson chaude ou tiède : on sait combien cet animal semble savourer sa nourriture quand elle est chaude. Il faut bien prendre garde en hiver qu'elle ne gèle.

Manière d'engraisser les cochons. — Les cochons ont une disposition générale à engraisser; néanmoins il est important de faire un choix convenable pour réussir promptement et parfaitement. Voici les conditions nécessaires pour qu'un porc prenne bien l'engrais: petitesse des os, largeur du ventre, marche libre, légèreté, gaîté, grand appétit, régularité dans les déjections, transpiration exhalant une odeur forte mais douce, couleur rose-pâle des mâchoires et de la partie interne du boutoir, peau fine, naturel tranquille et doux. Ainsi que nous l'avons vu en commençant, les petites races sont plus favorables que les grandes; la jeunesse de l'animal est une des conditions les plus importantes: les vieux cochons, les verrats qui ont long-tems servi, et que l'on fait châtrer ensuite, les coches qui sont dans le même cas, ont toujours la chair dure et coriace. On pourrait reconnaître l'âge du porc à ses dents ainsi qu'aux autres animaux, mais comme on le tue généralement à la fin de la deuxième année de sa vie, on ne s'occupe guère d'apprécier son âge par cette voie. Aussi lorsque, pour en avoir de meilleure race, on veut engraisser des cochons autres que ceux que l'on a élevés, on court risque d'être trompé dans les foires. Afin de n'être point dupé, il faut acheter des sujets de six à sept mois ; bien qu'on ne doive les mettre à l'engrais qu'à dix, ou à un an, après le remplacement des dents de lait ; il vaut mieux avoir à les nourrir quelque tems que d'acheter des cochons trop âgés. Les jeunes porcs crient souvent, et plus haut que les vieux : mais l'âge importe bien moins encore qu'un parfait état de santé : voulez-vous vous en assurer, examinez bien la langue et les mâchoires de l'animal, pour voir s'il n'a aucun symptôme de ladrerie, aucune marque de sang, ou de feu. (*Voyez maladies du cochon.*) Arrachez-lui une poignée de soies, si le bulbe ou racine est d'une couleur blanche, le porc est sain : la racine se montre-t-elle jaunâtre, il est malade : est-elle rouge, il ne tardera pas à périr. Le sexe fait peu de chose, puisque mâles et femelles doivent être coupés pour être mis à l'engrais ; toutefois, il y a des agronomes distingués qui prétendent que la chair des dernières est inférieure, mais on dit aussi qu'elles fournissent plus de lard.

Quand vous aurez choisi les sujets que vous voudrez engraisser, vous les nourrirez très faiblement les deux ou trois premiers jours qui précèdent celui où ils doivent entrer à demeure, dans l'étable : cette mesure servira à détendre leurs viscères, et à leur faire manger plus avidement la pâture que vous leur donnerez. L'époque de l'engraissement est principalement l'automne : c'est la saison de la graisse pour tous les animaux : on prétend que les brouillards engraissent les grives et les bec-figues, quelquefois en un ou deux jours. En effet, la fraîcheur tempérée, l'obscurité douce de l'automne, doivent favoriser l'engrais. La transpiration arrêtée semble se changer en graisse, et l'air rafraîchi en permet mieux le développement que la chaleur ; l'appétit devient plus vif, la digestion plus facile ; c'est en un mot le tems de *miel* pour les gourmands de toute façon ; outre cela, c'est le moment des récoltes, et par conséquent celui où l'on se trouve avoir beaucoup de débris.

Dans le commencement de l'engrais, on peut faire sortir le porc une fois par semaine, mais après deux ou trois sorties, il faut le tenir entièrement captif. Son étable doit être bien garnie de litière souvent renouvelée; de tems en tems on soulèvera la planche de la porte pour raréfier l'air : du reste on tiendra le porc dans une complète obscurité, dans une tranquillité parfaite; on éloignera de lui les étrangers, les chiens, les volailles, le bétail, les autres cochons grogneurs, afin qu'aucun bruit ne le trouble; enfin l'on s'y prendra de telle sorte qu'il ne fasse jamais que manger et dormir.

Outre leurs cris ordinaires, les porcs ont un grognement sourd, qui souvent leur devient habituel dans l'état de captivité de l'engrais. Les femelles surtout, qui se font entendre plus souvent que les mâles, grognent très fréquemment. Tous les traités d'économie rurale conseillent de leur administrer, pour narcotique, de la farine d'ivraie délayée dans de l'eau de son, ou de mêler des semences de jusquiame, et celle de pomme épineuse (*stramonium*) à leur manger. Mais le savant Parmentier préfère à ces moyens ceux qu'emploient les Américains pour endormir les porcs grogneurs, c'est à la fois un narcotique et un purgatif; ce procédé consiste à faire avaler de tems en tems aux porcs, parmi leur mangeaille, un peu de soufre en poudre mêlé d'antimoine; cela (continue l'estimable agronome que j'ai cité plus haut) est extrêmement utile aux cochons engraissés; ils sont purgés insensiblement, entretenus dans un état de perspiration qui les calme, les endort cent fois mieux que toutes les autres drogues conseillées généralement.

Une autre précaution à prendre pour soutenir l'action de l'estomac, prévenir les flatuosités et empêcher le lard de se détériorer en cuisant, c'est d'ajouter à la nourriture ordinaire du porc, quand elle est composée de matières fluides et relâchantes, quelques substances astringentes et toniques, comme le tan, l'écorce du chêne, le gland, les fruits acerbes et amers. C'est sans doute aussi dans le même but que, dans certaines contrées, on laisse un boulet de fer dans l'auge du porc, ou que l'on se sert d'un vase de fer pour apprêter ses alimens.

Tous ces préliminaires étant établis, nous allons nous occuper de la gradation du choix des alimens; mais auparavant nous dirons que dans quelques cantons, pour prévenir les dégâts que font les porcs, et les faire arriver plus promptement au maximum de l'engrais, on a l'habitude de leur casser les dents incisives; en d'autres endroits on leur fend les narines : assez ordinairement une saignée faite à propos détermine la cachexie graisseuse ou le dernier degré de l'engraissement.

La nourriture de l'engrais, quoique moins variée que les alimens qui la précèdent, subit aussi diverses modifications, selon les localités. Ainsi, au sud et à l'ouest de la France, on engraisse, principalement les cochons, avec du maïs; dans les provinces situées au centre et vers le nord, l'orge, les pois, les fèves, les haricots, le sarrasin, composent le manger des porcs : ces animaux s'engraissent partout avec les pommes de terre cuites et mélangées avec différentes farines.

Si l'on veut s'éviter la peine de faire cuire ces tubercules, on pourra les soumettre au pressoir comme les pommes à cidre ; il en résultera des tourteaux de marc farineux, qui, séchés au soleil et délayés ensuite dans de l'eau mêlée de son ou de farine, produira en toute saison une excellente nourriture d'engrais. Si l'on veut remplacer la pomme de terre par des racines, comme carottes, navets, betteraves, topinambours, il faudra les faire cuire et les mélanger avec de la farine et des pains de suif; les tourteaux de différens marcs, soit de colza, chenevis, graine de lin, etc., doivent être aussi mêlés avec des grains concassés ou de la farine.

Les porcs à l'engrais sont destinés à faire du petit salé ou du lard; dans le premier cas, huit à dix mois d'engraissement suffisent; dans le second, il faut au moins dix-huit mois; néanmoins il est des individus qui prennent la graisse plus ou moins vite : la manière dont on dispose graduellement la nourriture abrège ou prolonge le tems de l'engrais. Voici comment il faut opérer cette gradation.

Immédiatement après la glandée, on donne aux porcs des pommes de terre mêlées d'orge concassée ou grossièrement moulue; des eaux grasses délayent d'abord ces substances, et en font une bouillie demi-épaisse: rien de si vite préparé. On remplit une grande chaudière de pommes de terre et d'eau de vaisselle; on place cette chaudière sur le feu, en la couvrant, pour que l'ébullition soit plus rapide; les pommes de terre cuites, on prend une massue ou un très gros bâton, que l'on tourne et retourne en tous sens dans la chaudière pour bien écraser les racines qu'elle contient. Lorsque de cette manière on a obtenu une bouillie, on jette dedans la chaudière une quantité convenable de grains concassés, de son, d'orge ou d'avoine grossièrement moulus, et on l'incorpore à la bouillie à l'aide de la massue; on ajoute ensuite plus ou moins d'eau, selon qu'il faut éclaircir et refroidir cette préparation, et on la donne aux porcs, tiède, et à des heures réglées. Un peu plus tard on délaye la farine d'orge pure avec du son de seigle ou de froment, en faisant la bouillie un peu plus épaisse; quelque tems après on délaye la farine sans aucun mélange, en épaississant toujours la bouillie que l'on en forme. Bientôt après on passe la farine pour en extraire le son, et enfin on termine par en donner la fine fleur aux porcs; la bouillie, graduellement épaissie, n'est plus alors qu'une sorte de pâtée compacte, et l'on n'en fournit pas long-tems au cochon engraissé, parce qu'il n'est pas loin de ne pouvoir plus rien avaler : la diminution graduelle de son appétit indique la gradation de la délicatesse de sa nourriture; il faut l'exciter à manger autant que l'on peut. Comme cet animal aime les pois gris avec une sorte de passion, il sera bon de lui donner de ce légume lorsqu'il commencera à se moins remplir.

Un excellent moyen d'administrer les grains, les pois, les fèves et autres céréales au cochon, est de les laisser tremper pendant vingt-quatre heures dans un baquet ou tonneau; on les met ensuite bouillir : ils absorbent une grande quantité d'eau. Lorsqu'après plusieurs bouillons ils sont bien gonflés et s'écrasent aisément sous le doigt, on les met dans une cuve, où on les laisse fermenter deux jours; cette préparation est préférable à la mouture; elle dispense de délayer la mangeaille et d'y mêler du levain, ce qu'il faut faire ordinairement pour régaler les porcs, les mettre en appétit et leur rendre la digestion plus facile. Ce goût des porcs pour la nourriture fermentée est, au surplus, bien commode; on peut leur préparer leur pâtée ou bouillie pour plusieurs jours: plus elle s'aigrira, plus ils seront satisfaits.

En Angleterre, lorsqu'on est parvenu au dernier période de l'engrais, on administre aux porcs la nourriture épaisse autant que possible, au moyen d'une machine qui réussit toujours. Cette machine est une espèce de trémie enfoncée, dont une des parois est ouverte depuis le fond jusqu'à quatre ou cinq pouces de hauteur, sur deux ou trois pouces de largeur; elle est suspendue au-dessus d'une auge d'un pied et demi; la mangeaille est jetée dans cette trémie un peu inclinée, qui n'en laisse tomber à la fois qu'autant que les cochons en peuvent manger. On se sert encore dans le même pays, avec le même succès, d'un autre instrument à la faveur duquel, au terme de l'engrais, le porc se trouve pris par les quatre pieds, et n'a de libre que la mâchoire, en sorte que tout ce qu'il avale, jusqu'au dernier moment, tourne au profit de la graisse.

Afin d'apercevoir les progrès de l'engraissement, beaucoup de personnes sont dans l'usage de peser les cochons avant de les faire entrer dans l'étable, et de renouveler cette mesure de tems en tems; mais la cachexie graisseuse a des signes progressifs auxquels il est impossible de la méconnaître : les porcs ne peuvent d'abord plus marcher ni crier; peu après ils cessent de pouvoir se tenir debout, se relever même; leur grognement ne peut plus se faire entendre; ils perdent successivement l'usage de leurs sens à tel point, que des porcs très gras n'ont donné aucun témoignage de douleur quand les cordes dont ils étaient attachés sur une voiture, les ont coupés et ont mis leur lard à découvert. Bien plus, ils n'ont poussé aucune plainte, ils n'ont donné aucune marque de souffrance pendant qu'un très gros rat leur rongeait le dos dans leur étable; ils ne sentaient plus rien, ils étaient comme enterrés dans leur graisse. J'ai l'expérience de ce fait: si l'on eût un peu tardé à les faire entrer dans le saloir, ils seraient indubitablement morts de la maladie connue vulgairement sous le nom de gras-fondu. Le refus des alimens annonce ce paroxisme de la cachexie graisseuse, cette pléthore générale, et l'on ne saurait trop se hâter de tuer le porc. Ainsi, soit dit en passant, avec la faculté de se reproduire, nous ravissons à ces animaux leur courage et leur activité; nous les soumettons à un régime qui éteint leurs sens, les prive de mouvemens, en fait de véritables masses, puis nous les accusons de stupidité.

Le soin que l'on prend d'épaissir par degrés la nourriture des porcs à mesure que l'engrais s'avance, prouve qu'il est bon de ne leur donner que le moins possible de liquides, aussi leur refuse-t-on généralement à boire; néanmoins, quand leur soif n'est pas satisfaite à tems, elle les maigrit, car la première condition pour engraisser est de n'être tourmenté en aucune manière : sur la fin de l'engrais ils cesseront d'éprouver la soif; mais, tant qu'ils en auront le besoin, il faudra leur donner des eaux grasses ou blanches; il importe de n'y jamais mettre de sel. Quand, au commencement de l'engrais, les porcs sont encore capables de sentir quelque chose, il faut se garder de les rudoyer, leur parler avec douceur; car il est indispensable de rendre heureux en toutes choses, l'animal qui doit prendre l'engrais.

Les charcutiers et les experts, dans les foires, connaissent le degré de graisse aux *maniemens*, c'est-à-dire par les cordons de graisse qui se forment aux diverses parties de l'animal; quand les *maniemens* sont *mous et soufflés*, la graisse est peu considérable; sont-ils amples et fermes, la graisse est parfaite. Selon qu'elle occupe principalement telle ou telle partie, l'animal est *bon de tel ou tel côté;* la substance graisseuse est-elle générale, *l'animal est bon à démarer.* Ce langage est à la fois celui des bouchers et des charcutiers. L'axonge est très considérable dans le porc, et ordinairement les charcutiers se contentent de le tâter à la sous-gorge pour apprécier le volume de la panne : on lui passe aussi l'ongle sur le dos ; si la peau se fend, il est alors dans l'état le plus désirable.

CHAPITRE III.

Bénéfices que produit le porc. — Fécondité des truies. — Ennemis et poisons des cochons. — moyens de prévenir et de guérir leurs maladies.

L'extrême facilité avec laquelle on nourrit et engraisse le porc ; la disposition de cet animal à ramasser les moindres débris, les objets les plus immondes ; son prompt accroissement ; la fécondité de sa femelle ; tout annonce combien il doit rapporter de gain à son maître. L'usage général de l'Angleterre, de l'Allemagne, d'une grande partie de la France, où chaque habitant de la campagne élève un ou plusieurs cochons pour sa propre consommation, est encore la preuve de ce gain ; cependant c'est une opinion assez communément répandue, que l'entretien du porc est onéreux : il suffit d'observer sans prévention, pour reconnaître que cette opinion est dénuée de tout fondement. En supposant (ce qui n'arrive jamais dans les fermes et dans les plus petites métairies) que l'on n'eût aucun débris de récolte, de jardinage, aucuns légumes, fruits ou racines dont on pût tirer parti, et que l'on se trouvât obligé de tout acheter pour la nourriture du porc, on aurait encore du bénéfice : c'est le calcul bien simple qu'a fait M. Mamon-Mallet, d'après ses expériences sur l'éducation des porcs. Ce propriétaire estimable a tracé le tableau suivant :

Calcul des frais de nourriture d'un porc engraissé.

Achat d'un cochon de six mois, sain et bien conformé............................	20 fr.
De dix à douze mois, pour être bien nourri, un demi-boisseau de son, par jour, à dix sous le boisseau........................	45
De douze mois à dix-huit, nourriture plus délicate, un demi-boisseau de farine d'orge, et deux tiers de son par jour, la farine à un franc le boisseau.........................	60
Pour achever l'engraissement, nourriture encore plus recherchée, trente-six boisseaux de farine d'orge pure, à un franc le boisseau............................	36
Total.............	161

Le porc, ainsi nourri, pesera au moins quatre cents livres; évaluez la livre de viande, graisse ou lard, à dix sous, 200 fr.; il restera donc de gain trente-neuf francs; et presque toujours on n'achète point le cochon, on l'élève, et il ne coûte presque plus rien; puis, au commencement de l'engrais, on peut substituer (toujours en achetant) les pommes de terre, les châtaignes, le sarrazin, à l'orge, qui revient plus cher. Enfin, si l'on engraisse plusieurs porcs à la fois, les soins à prendre ne demandent pas plus de peine et de tems.

Le poids que peuvent atteindre les cochons engraissés est vraiment prodigieux; nous avons déjà vu que les porcs de la vallée d'Étuge en Normandie, parviennent ordinairement à six cents livres; que le grand porc anglais pèse mille à douze cents livres. En 1767, M. Collinson, membre de la Société d'Agriculture de Londres, écrivit à Buffon, qu'un cochon du comté de Chestershire, tué récemment, avait produit huit cent cinquante livres: l'un des côtés pesait trois cent vingt-trois, l'autre côté trois cent vingt-quatre; le reste de l'animal formait un poids de deux cent treize livres. Dans ces dernières années, on faisait voir à Paris un porc pesant neuf cent quatre-vingt-dix-huit livres; tandis qu'en Angleterre on montrait deux de ces colosses de graisse, l'un pesant mille trente-et-une livres, l'autre douze cent quarante-sept. Je ne conseille pas aux charcutiers d'acheter préférablement ces masses; outre que leur rare dimension les rend proportionnellement d'un prix plus élevé que des cochons moins lourds, ils ont la chair moins savoureuse.

Le commerce des cochons donne des bénéfices à tous ceux qui s'en occupent avec soin; il met de l'aisance dans le ménage du métayer, qui vend chaque année les produits de sa truie, trente ou quarante écus; il est le gain le plus clair des fermiers qui peuvent en nourrir une certaine quantité. Il enrichit les marchands qui vont de ferme en ferme acheter les cochons châtrés et de belle venue, pour en former des troupeaux qu'ils mettent à la glandée. C'est la branche d'agriculture la plus lucrative en Espagne; et la principale richesse des provinces de la Westphalie et d'une grande partie de la Basse-Allemagne, consiste à nourrir une quantité prodigieuse de pourceaux, renommés pour la délicatesse et la fermeté de leur chair. Nous ne considérons ici les porcs que comme nourriture ; nous dirons plus tard à combien de différens arts ils sont utiles.

Fécondité de la truie. — Nous savons que la truie porte deux fois l'année, qu'elle pourrait porter jusqu'à trois fois, et qu'à chaque portée ou ventrée, elle produit dix, douze, quinze, dix-huit, même vingt petits ; et il en est qui ont mis bas, d'une seule ventrée, trente-sept petits : ce fait est rare, mais il mérite d'être remarqué. Le fameux maréchal de Vauban, qui, comme tous les gens philanthropes et éclairés, s'intéressait à l'agriculture, a fait le calcul approximatif des produits présumés d'une truie ordinaire pendant dix ans ; son travail, intitulé la *Cochonnerie*, fait partie des douzes volumes in-folio, manuscrits, fruit de méditations profondes, qu'il nommait ses *oisivetés*. On conserve ce recueil précieux à la Bibliothèque royale de Paris. Ce grand homme n'a pas compris les mâles dans son calcul, quoique l'on suppose, avec raison, qu'il naît autant de verrats que de femelles dans chaque portée. Le produit de chaque portée n'est aussi estimé qu'à six cochonneaux, quoiqu'il soit prouvé que l'une dans l'autre, les ventrées sont au moins d'un tiers plus nombreuses. Malgré ces réductions, le résultat des calculs du maréchal de Vauban est que la production d'une truie, en dix années, équivalentes à dix générations, donne six millions quatre cent trente-quatre mille cent trente milliers de porcs; ce qui est autant qu'il peut y en avoir en France. Si l'on poussait cela jusqu'à la douzième génération, ajoute Vauban, il y en aurait autant que l'Europe pourrait en nourrir; et enfin, ce calcul poussé jusqu'à la seizième génération, il y aurait de quoi peupler abondamment toute la terre de porcs; ils finiraient par l'envahir, mais par bonheur les charcutiers et les gastronomes mettent ordre à cette invasion.

Voici un exemple de la fécondité des truies, encore plus étonnant que les calculs de Vauban; une de ces dernières années l'a donné en Angleterre. Une truie appartenant à M. T. Richedele, propriétaire à Kegwort, dans le comté de Leicester, a produit, en 1797, trois cent cinquante-cinq petits en vingt portées; quatre ans auparavant, elle avait donné deux cent cinq autres petits en douze portées; elle a eu encore huit portées depuis cette époque. Voici le nombre de cochonnets de chacune de ces huit portées: vingt-deux dans la première, quinze dans la seconde, dix-sept dans la troisième; la quatrième portée a fourni dix-neuf petits, la cinquième, vingt-quatre, la sixième, quinze; le produit de la septième ventrée a été de seize petits, et enfin celui de la huitième, de vingt-deux. Si l'on ajoute ce produit aux deux cent cinq petits précédens, on trouvera un total de trois cent cinquante-cinq. Cette truie a allaité dix fois; au printemps de 1797, elle nourrissait sa vingtième portée. En prenant le terme moyen, on a vendu les cochonnets des huit dernières ventrées, seize shellings l'un dans l'autre, ce qui fait soixante-quatre livres sterling. Cette somme, ajoutée à quatre-vingt-six livres sterling, produit des douze précédentes portées, fait en tout cent cinquante livres sterling. (Voyez *Bibliothèque britannique*, n° 42.)

Ennemis et poisons des cochons. — Quoi dans le monde n'a pas été l'objet des préjugés populaires ou systématiques ? Le cochon n'y a point échappé ; on dit qu'il hait le loup, les belettes, le scorpion, l'éléphant ; que le taupe-grillon, ou courtillière, et la salamandre lui causent une maladie putride et mortelle. Que le porc haïsse le loup qui l'attaque, rien de mieux ; qu'il n'aime pas non plus les belettes, les scorpions qui le peuvent mordre, quoique certainement le fait soit rare, cela peut encore se concevoir. Quant à l'éléphant, les meilleurs traités d'agriculture ne font aucune mention de l'éloignement qu'il inspire aux porcs : ces traités se taisent également sur l'aversion du porc pour les animaux précédens. Le *Nouveau Dictionnaire d'Histoire Naturelle, par une Société d'agronomes et de savans* (1825), excellent ouvrage que l'on ne saurait trop consulter, parle, il est vrai, du taupe-grillon et de la salamandre, mais c'est pour dire que M. Viborg a donné, à plusieurs cochons, ces animaux écrasés ensemble, et qu'ils les ont mangés sans répugnance et sans accident.

Le lin et le sarrasin ont été long-tems regardés comme des poisons pour les porcs : Abilgaar avait déjà prouvé que le premier de ces grains n'avait pas plus de propriétés vénéneuses pour le cochon que pour tout autre animal. Selon le savant M. Viborg, ces deux substances, loin d'être des poisons, sont une bonne nourriture, et l'expérience confirme tous les jours cette assertion.

Avec le même professeur, rangeons au nombre des fables un vieux dicton que l'on trouve chez tous les anciens auteurs qui traitent du pourceau : ce dicton nous apprend que lorsque le vif-argent est mêlé habituellement dans le fourrage ou la mangeaille, il neutralise le penchant lascif de la truie, et l'empêche d'entrer en chaleur.

Entre autres renseignemens sujets à contestation, est l'opinion de Godin des Odonais, qui prétend qu'au Pérou on éloigne les cochons des pâturages où doivent aller ensuite le gros et le menu bétail, parce qu'on y est dans la persuasion que les porcs déposent en broutant une bave funeste aux autres animaux domestiques. Cet écrivain parle comme témoin oculaire, et ne fait que mentionner une opinion généralement répandue dans le pays ; cependant, dans l'Europe entière, cette opinion est ignorée.

Voici les substances qui nuisent véritablement aux porcs :

La semence de la vesce, qui les maigrit, les sèche, les fait périr de consomption ; les paysans ont l'habitude d'exprimer cet état en disant que les cochons sont brûlés.

L'ansérine rouge, de muraille, et l'ansérine bâtarde (*chenepodium rubrum, murale hybridum*) empoisonnent le pourceau ; il rebute également l'ansérine bon Henri (*chenepodium bonum Henricus*), l'ansérine fétide (*C. Vulvaria*). Toutefois, M. Viborg dit que ces herbes ne sont point vénéneuses pour le porc, mais qu'il les rebute à moins qu'elles ne soient très jeunes. Cet animal est si peu difficile, il choisit si peu ses alimens, que malgré l'autorité de ce savant, je penche à croire que la nature avertit le cochon des propriétés délétères de ces plantes.

Le champignon agaric moucheté, ou fausse oronge, agaric tue-mouches, agaric à tête large, sont de véritables poisons pour les porcs. Il arrive quelquefois à ces animaux d'avaler, avec les feuilles de chêne, un champignon parasite sur ces feuilles ; ce champignon est le *sclerolium fasciculatum* de *Schumaker*. Si, par malheur, ils en ont pris une certaine quantité, ils ne tardent pas à périr à la suite de divers symptômes d'empoisonnement. Il y a environ quarante ans que, dans le parc impérial de Vienne, beaucoup de *gorets* ou marcassins périrent pour avoir mangé de ces champignons. On en ouvrit plusieurs, et on reconnut les traces du poison à l'état de leurs entrailles.

L'aconit napel ou bleu (*aconitum napellas*) empoisonne à la fois les porcs et les chevaux.

Le poivre passe aussi pour faire périr les cochons, mais c'est une erreur ; car ils peuvent en avaler des grains entiers sans courir aucun danger ; mais il est vraisemblable que le poivre en poudre produirait un picotement mécanique sur la trachée-artère, qui pourrait leur donner la mort. Au reste, quand cette matière n'aurait pas un effet aussi funeste, elle serait toujours extrêmement nuisible au porc ; elle l'échaufferait horriblement, et lui causerait la maladie du sang, du feu, ou l'enflure du cou : la nature enseigne à cet animal à fuir les drogues aromatiques : il les a toutes en aversion (1).

Les cochons ont tous les mêmes goûts ; mais, selon les localités, ils se font volontiers une nourriture spéciale. Ainsi, en Lorraine, ils mangent la gesse tubéreuse, que, dans cette province, on nomme *macujon*. A Madère, où la fougère abonde, ils se nourrissent particulièrement de ses racines ; cette plante leur donne, dit-on, le goût savoureux qui fait estimer les porcs de cette île, et rend leur chair un mets vanté.

Maladies du cochon. — Le porc a moins de douleurs à souffrir que les autres animaux domestiques ; toutefois il est sujet, 1° à la ladrerie, sa maladie principale, que l'on peut diviser en ladrerie générale et locale, quoique malheureusement la seconde soit bien souvent un des symptômes de la première ; 2° le catarrhe ou enflure des glandes du cou ; 3° le sang ou le feu ; 4° les soies ; 5° la néphrite ou pisse-

---

(1) On sait du reste, que les substances aromatisées nuisent à l'engraissement.

ment de sang; 6° la fièvre; 7° la diarrhée; 8° la constipation; 9° la gale; 10° irritation de la panse par suite de nourriture vénéneuse; 11° la rage; 12° la bosse; 13° la gourme; 14° le vomissement et le dégoût. De tous ces maux, le premier est le plus commun; les autres sont plus ou moins rares, surtout les derniers.

La ladrerie.

La malpropreté dans laquelle on dit pourtant que se plaît le porc, le manque d'eau, le vice de l'air, une nourriture tantôt insuffisante, tantôt surabondante, en un mot, le manque d'ordre et de soin est la source de cette maladie, qui détériore entièrement la chair de cet animal. Elle la rend fade, difficile à conserver, peu ou point salifiable; et lorsqu'elle est au plus haut degré, cette chair devient tellement décolorée, glaireuse, qu'il est impossible de la manger sans dégoût.

C'est une cachexie, mêlée d'affections vermineuses. Dès qu'elle s'annonce, le porc est triste, ses oreilles, sa queue s'abaissent, son œil est troublé, son museau est chaud, le battement de l'avant-cœur est pressé, et les soies se hérissent. A ces signes, qui du reste, se répètent dans toutes les maladies du porc, se joignent l'insensibilité, la densité, l'épaisseur de la peau, la faiblesse de l'animal, qui ne peut se soutenir long-tems debout, et surtout la présence d'une grande quantité de vésicules ou petites tumeurs blanchâtres saillantes aux parties latérales et inférieures de la base de la langue. Voici pourquoi l'on examine principalement le porc à cette partie; c'est à son aspect que les *langueyeurs* (experts dans les foires et marchés pour juger l'état du porc) reconnaissent la maladie. Ils disent que le cochon a le *grain*, qu'il est *grené*, parce qu'effectivement les vésicules de la langue ressemblent à un grain, et que la chair en est toute semée. Ces cochons se vendent alors à vil prix, et le propriétaire doit encore s'en féliciter, car la maladie ferait des progrès terribles. Quand les côtés et la base de la langue sont couverts d'une multitude de grains, les signes intérieurs sont dans le plus grand désordre; parvenue à son dernier degré, la ladrerie produit successivement la paralysie postérieure du tronc, la teinte sanguinolente des bulbes, la chute des soies, des déjections putrides, la mauvaise odeur du corps ; le tissu cellulaire se soulève de place en place, les ars et l'abdomen se couvrent de tumeurs, les extrémités s'enflent, et la mort vient terminer les souffrances du pauvre animal. Il n'est guère de remèdes à la ladrerie; aussi doit-on s'attacher fortement à la prévenir. On ne saurait trop répéter que la propreté en est le principal moyen : que les porcs soient tenus proprement, chaudement, qu'on renouvelle souvent leur litière, qu'on les fasse baigner fréquemment ; que, selon qu'on se trouvera approvisionné ou non de légumes et de racines, on ne les fasse point passer brusquement d'une bonne à une mauvaise nourriture, et d'une mauvaise à une bonne ; que l'on ait soin de la rafraîchir avec des herbes relâchantes lorsqu'ils sont échauffés; de fortifier leur estomac lorsque leurs digestions en annoncent le besoin, et l'on n'aura jamais à redouter la ladrerie. Le porc sera fort, sain; il aura une chair ferme, savoureuse; rapportera de gros bénéfices ; et, ce que, certes, on ne doit pas dédaigner, il vivra heureux. Les souffrances d'un animal domestique sont la honte de son maître, et doivent lui causer une sorte de remords.

Il n'est point prouvé que la ladrerie soit un mal héréditaire, seulement les petits des porcs ladres y ont plus de disposition. C'est pourquoi j'ai recommandé de bien examiner si le verrat et la truie, destinés à la multiplication du troupeau, ne présentent aucun signe de cette maladie. Outre les caractères que présente la langue, souvenez-vous de ceux que doit avoir la peau ; sa finesse, sa douceur relative, sont un signe certain de parfaite santé. Si la truie et le verrat étaient ladres, il faudrait les faire couper, car ordinairement on se hâte d'engraisser le porc qui annonce la ladrerie, afin de le tuer promptement, et c'est ce qu'on a de mieux à faire.

La chair du porc ladre, quoique fade et même dégoûtante, n'est ni insalubre ni dangereuse ; son manque de fermeté la rend beaucoup plus tendre. Nous dirons à l'article des préparations de cuisine et de charcuterie, comment on peut la rendre mangeable, et déguiser ses propriétés.

La ladrerie locale.

Quoique d'habiles vétérinaires, d'après lesquels nous avons donné les détails précédens sur la ladrerie, considèrent ce mal comme une cachexie, une affection morbifique générale, et que M. Huzard, de l'Institut, partage cette opinion, je crois devoir indiquer les conseils que donnent beaucoup d'agronomes et de cultivateurs pour guérir cette maladie, qu'ils regardent comme locale ; aussi-bien, ces conseils ne peuvent nuire en aucune façon ; mais il est important de ne pas se borner à les observer seulement, et à ne traiter que l'extérieur du porc en négligeant le régime convenable.

Le porc est attaqué de ce mal quand ses oreilles se penchent, qu'il est triste, que sa queue s'alonge, et n'est plus recourbée sur le dos. Il a alors dessous la langue un petit grain blanc, qu'il faut frotter avec des orties jusqu'à ce qu'on l'ait extirpé. On le bassine en même tems avec du vinaigre, dans lequel on a fait fondre du sel et infuser de la sauge ; il faut aussi faire manger au cochon de la grande chicorée, et des orties hachées, mêlées avec des caillés de lait, et toujours avec du sel. On regarde le sel, mêlé au reste de la nourriture journalière, comme un préservatif contre la ladrerie. Dès qu'on remarque les symptômes de cette maladie chez l'animal, on l'isole, car elle est contagieuse. Quand les grains sont nombreux, la ladrerie est interne et générale, comme nous l'avons dit précédemment.

Le catarre ou enflure des glandes du cou.

Il faut saigner le cochon sous la langue, puis frotter le mal avec de la farine de froment mêlée de sel. On le frottera ensuite rudement, à contrepoil, avec de l'eau de lessive, et on le baignera en eau claire. On empêchera en même tems que le porc soit exposé au froid; on lui donnera des breuvages adoucissans et légèrement stimulans à la fois, comme vin édulcoré de miel.

Le sang ou le feu.

Au lieu de manger et de boire à son ordinaire, le porc ne fait qu'agiter l'eau de son auge avec son groin, ou il s'amuse à fouiller la terre, sans prendre aucune nourriture. Il se couche souvent, et l'on entend dans le fond de sa gorge un bruit sourd qui annonce une respiration gênée.

On trouve alors sur les gencives de l'animal, près des dents, une petite élévation de chair, en forme de cône, de couleur violette, haute de trois à quatre lignes, et d'une ligne et demie de diamètre.

On couche le cochon par terre, et on s'assure bien de lui en le tenant par les pieds et par les oreilles. On lui ouvre le groin, on lui coupe la pustule avec des ciseaux, et il en sort un sang noir et épais. Il est bien important de tenir le groin de l'animal penché, car si on lui laissait avaler ce sang, il lui donnerait la mort. Aussitôt que l'opération est faite, on bassine la plaie avec de l'eau jusqu'à ce que le sang cesse de couler ; on lâche ensuite le cochon ; on ne lui donne à manger qu'une heure après, et encore en petite quantité ; une nourriture légère est ce qui lui convient le mieux alors. Si le lendemain, ou quelques jours après, on aperçoit quelque symptôme de la maladie, on recommence l'opération, et pendant quelques jours on lui donne des laitues pour le rafraîchir.

Les soies.

Ce mal est ainsi nommé parce que c'est la racine d'une certaine quantité de soies qui forme un enfoncement sous la gorge du porc, et la resserre en peu de tems, au point de le mettre en danger d'étouffer. Ces soies malencontreuses sont plus dures que celles dont l'animal est recouvert généralement, et forment un bouquet qui a beaucoup de ressemblance avec celui que les chèvres portent sous le cou. Ce bouquet de soies doit être enlevé promptement; pour cela, on couche le cochon sur le côté, en l'assujettissant bien, en le faisant tenir fortement par la tête et les pieds; on tire le bouquet avec les doigts, et on cerne autour avec un rasoir, en incisant d'abord légèrement, et en raclant ensuite jusqu'à ce qu'il soit détaché; on finit en frottant la plaie avec un peu de beurre ou de graisse.

Cette maladie se complique quelquefois avec la précédente : dans ce cas, on commence par enlever les soies; on opère ensuite sur la pustule.

La néphrite ou pissement de sang.

Il faut soumettre à la diète le porc attaqué de ce mal, lui faire boire quelques pots d'une décoction d'oseille dans du lait, et enfin avoir recours à une saignée, si la néphrite persiste après quelques jours de traitement.

La fièvre.

Le porc est aussi sujet à la fièvre, que l'on reconnaît à la chaleur du boutoir, aux mouvemens précipités de l'avant-cœur, au refus constant de manger. On ne peut indiquer ici de remède sûr, la fièvre pouvant tenir à diverses causes plus ou moins compliquées; il faudra appeler le médecin vétérinaire. Au reste, le porc est très peu fiévreux.

La diarrhée.

Cette indisposition tient à une nourriture trop relâchante; les herbes rafraîchissantes, comme la poirée, la laitue; les substances trop molles, comme les cucurbitacées; les fruits et grains trop mucilagineux, comme le lin, la faîne, débilitent l'estomac, et selon l'expression vulgaire, les *porcs se vident*. Donnez-leur alors des alimens plus substantiels, mêlés de quelques toniques; pour cela, arrosez avec un peu de vin, de bière ou de cidre, la pâtée de féverolles, d'orge, de froment, que vous leur présenterez.

La constipation.

Les porcs restent-ils trop long-tems à la glandée, mangent-ils trop de fruits acerbes, avalent-ils de la chair crue, ou prennent-ils habituellement une nourriture trop fermentée, ils sont constipés; on voit aisément que quelques herbes relâchantes, quelques semences ou fruits mucilagineux remédient promptement au mal.

La gale.

C'est encore à la malpropreté, à l'habitude de s'enterrer dans le fumier, qu'il faut attribuer cette dégoûtante affection; il ne faut pas la négliger, car elle deviendrait organique. Frottez le porc galeux avec une brosse très dure, mettez-lui un topique irritant, faites le souvent vautrer, baigner; changez souvent sa litière, et mettez-lui un poteau dans son étable pour qu'il puisse se frotter souvent. Il est indispensable de l'isoler.

L'irritation de la panse par suite de nourriture vénéneuse.

Le porc empoisonné, soit par les substances vénéneuses que nous avons citées, soit par d'autres poisons, éprouve alternativement une profonde tristesse et des convulsions; les yeux sont rouges, les extrémités raides, les mugissemens sourds et répétés, il y a bientôt prostration de forces. Donnez d'abord à l'animal plusieurs pintes de lait que vous lui ferez avaler par force, puis de deux en deux heures faites-lui boire encore du lait que vous mêlerez d'une forte décoction de substances mucilagineuses, telles que graine de lin, guimauve; ajoutez-y aussi de l'huile d'olive : saignez promptement, et répétez la saignée si les symptômes persistent.

La rage.

Il n'y a point d'autre remède que de cautériser sur-le-champ la plaie qu'a formée la morsure d'un chien enragé ; lavez sur-le-champ la blessure pour en extraire la bave ; faites chauffer un fer à blanc, tenez fortement l'animal, et appliquez ce fer sur la plaie, de manière à produire une forte eschare : sondez-la bien avec ce fer afin qu'aucune partie mordue n'échappe à son action : donnez ensuite au patient quelques substances cordiales et stimulantes.

Bosse.

On donne ce nom à un engorgement des glandes comprises entre les branches de la mâchoire postérieure du cochon, avec tension, chaleur et douleur. Cet animal est plus exposé qu'aucun autre à cette maladie ; il perd l'appétit, respire difficilement ; son cou devient très gras ; il éprouve une chaleur considérable, s'agite, se couche, se lève, et quelquefois meurt le troisième ou quatrième jour.

Le froid subit qu'éprouve le porc après une course violente, après avoir été forcé de se mouiller dans l'eau vive et froide ; une disposition particulière à l'inflammation ; des coups portés sur les glandes; de l'eau trop froide prise en boisson, sont ordinairement les causes de cette dangereuse maladie; une mauvaise nourriture, des breuvages impurs, un terrain marécageux, la rendent épizootique.

Pour empêcher que l'animal ne suffoque, comme il arrive souvent par la vélocité et la quantité du sang qui se porte aux glandes, il faut le saigner une ou deux fois aux veines de la cuisse et aux veines superficielles du bas-ventre; exposer la partie souffrante à la vapeur du vinaigre et de l'eau-de-vie; nourrir le porc de son mouillé, et lui faire boire de l'eau blanche contenant du sel de nitre; il convient aussi d'administrer quelques lavemens émolliens, d'appliquer sur les glandes tuméfiées des cataplasmes de levain, d'ognons de lis et de basilicum, de n'ouvrir l'abcès que lorsque les duretés et l'inflammation sont très diminuées, et panser ensuite l'ulcère suivant la quantité du pus et l'état de la tumeur. Comme ce mal est souvent épizootique, quand on voit un cochon prendre le gros cou, il faut tout de suite l'isoler, lui donner pour seule nourriture un peu de son mouillé avec un peu de sel de nitre, et pour boisson une chopine de décoction de baies de genièvre; lui parfumer le cou avec le mélange décrit précédemment, et l'envelopper d'une peau de mouton, la laine en dedans. Il est urgent de parfumer l'étable avec des baies de genièvre macérées dans le vinaigre, d'empêcher toute communication du porc malade avec les porcs sains, et de passer un séton au poitrail de tous ceux qui sont soupçonnés d'avoir communiqué avec le malade (1).

Manière de panser les plaies des porcs.

Quand les porcs ont été mordus par un chien ou un loup ordinaire, c'est-à-dire qui ne soient pas enragés, on mêle du sel pilé avec du saindoux, du blanc de poireau ou quelques simples, tels que la bardane ou le lierre terrestre, et l'on applique cette espèce d'onguent bien salé sur la plaie; il suffit généralement de sain-

(1) Voyez le *Manuel du Bouvier* de l'*Encyclopédie Roret*, pour la manière de faire le séton aux animaux.

doux et de sel : si la plaie n'a point de pus ou sérosité, on la couvre seulement de talc chaud, dans lequel on ajoute encore du sel; il est bon de se servir de sel blanc, comme plus propre.

Gourme.

Cette maladie, qui vient aux jambes et aux cuisses des jeunes cochons, n'est autre chose que des apostèmes. Ouvrez-les avec un bistouri lorsqu'ils seront mûrs, afin d'en extraire l'humeur, et mettez dedans du sel et de la graisse de porc.

Manière de saigner les cochons (1).

On saigne les porcs à l'oreille, aux pieds et encore à une veine qu'ils ont au-dessus de la queue, à deux doigts de fesses. Pour ne point manquer cette veine et la rendre plus apparente, on en bat l'endroit avec une petite baguette de sarment ou de coudrier, elle s'en-

(1) Je ne garantis pas que cette méthode soit très bonne : le livre où je l'ai puisée (*le Nouveau Parfait Bouvier*, de M. H. L.) ne me paraissant pas une autorité suffisante.

fle alors et on en tire du sang ; quand on en a tiré suffisamment, on y fait une ligature avec de la grosse ficelle, et l'on tient le cochon enfermé un ou deux jours.

Les saignées ont lieu, pour déterminer la cachexie graisseuse, dans la fièvre et le pissement de sang.

Dégoût, enflure, vomissement.

La diète d'une journée guérit ordinairement ces trois indispositions qui viennent de la réplétion de l'estomac : faites boire beaucoup d'eau tiède, ou ferrée, ou mêlée d'une forte infusion de romarin, de choux rouges et autres herbes astringentes.

DEUXIÈME PARTIE.

CHAPITRE IV.

MANIÈRE DE TUER, BRULER, ÉCORCHER, DÉPECER, LAVER ET SALER LE PORC; MOYENS DIVERS ET NOUVEAUX DE LE CONSERVER; PRÉPARATION DU COCHON DE LAIT.

Les porcs extrêmement gras sont ordinairement amenés en voiture à la foire, et de là chez le charcutier ou chez le particulier qui doit les tuer; cependant il est beaucoup de cochons engraissés qui peuvent marcher, et je conseille de choisir ceux-là de préférence, la chair en est plus ferme et plus délicate.

On connaît qu'un porc est suffisamment gras, lorsque sa côte est bien recouverte de chair, son dos ferme en viande, son derrière large, son encolure forte, et son ventre tombant, de manière, que ses jambes paraissent, pour ainsi dire, à peine.

Manière de tuer le porc. — Quand le porc es arrivé au lieu où l'on doit le tuer, on choi la partie d'une cour, d'une place ou de toute autre pièce de terre, la plus éloignée du voisinage des habitations, des hangars, de toutes matières combustibles, dans la crainte de mettre le feu en brûlant le cochon. On dégage l'endroit choisi de tout immondice; on se munit d'un couteau à lame longue, étroite et pointue pour saigner, d'un autre couteau plus fort pour dépecer, d'un petit maillet pour fendre et briser les os. On y joint du linge blanc, un balai, une corde et un *jambier*, morceau de bois long *d'un mètre environ*; on prépare des bottes de paille en tas; on apporte un grand vase ou une marmite de terre, ou même un petit baquet, pourvu qu'il ne soit pas profond; on a quelques seaux remplis d'eau; puis on procède à la mort de l'animal.

La manière de tuer les porcs est barbare : comme par malheur on ne peut agir autrement, il faut bien s'y résigner; mais ce que l'on doit éviter religieusement, c'est de souffrir que les enfans s'en fassent un sujet de joie. Rien n'est plus affreux que de voir, dans les villes de province, les gens du peuple s'attrouper en riant devant un porc qu'on égorge, et les enfans sauter autour de la victime, soit lorsque ses cris aigus font horreur, soit lorsque les flammes l'environnent : il me semble toujours voir des cannibales et des inquisiteurs chantant autour de leur victime.

Afin d'avoir les boyaux complètement vides, l'animal ne doit pas avoir mangé depuis environ vingt-quatre heures. Quand tous les préparatifs de sa mort sont achevés, le tueur aiguise bien son coutelas, et se faisant accompagner d'une ou de plusieurs personnes selon la taille et la vigueur du porc, il va le chercher et l'amène en lui passant une corde autour de la jambe droite de derrière. Là, un ou plusieurs aides tiennent fortement cette corde, pendant que le tueur prend vivement le cochon par l'oreille gauche, l'attire à lui du côté droit, et le renverse, aidé d'une personne qui retient l'animal en lui appuyant les mains sur le dos. En même tems, ceux qui tiennent la corde lient ensemble les deux jambes postérieures du porc, et tirent fortement en dirigeant leurs efforts vers le train de derrière, pendant que la personne qui tient l'animal par le dos, se penche sur lui, et alongeant le bras, lui applique fortement sur la terre une des pattes de devant, et replie l'autre en l'attirant vigoureusement vers soi. Aussitôt que le porc est tombé, le tueur lui met le genou sur l'oreille et se dispose à l'égorger, ce qu'on exprime par le mot *saigner*.

Le tueur doit se défendre de toute précipitation, et aussi de tout mouvement cruel, ce qui a lieu surtout quand l'animal s'est long-tems et vigoureusement défendu. Avant d'enfoncer le couteau, il coupera les soies au milieu de la gorge, tâtera la veine jugulaire, et là enfoncera fermement, en dirigeant le tranchant de son arme du côté du corps dans l'appréhension de couper le gosier. Ce résultat est à craindre, parce qu'alors le sang agité par l'air et les mouvemens de la respiration, sortirait en bouillonnant, et le cochon qui d'ailleurs souffrirait davantage, saignerait fort mal. Le tueur y prendra donc bien garde, et sondera pour ainsi dire, les chairs avec la pointe du couteau. Ayant reconnu à son extrême dureté, le gosier ou larynx, il l'évitera soigneusement, et coupera la veine jugulaire qui se trouve placée près de là, à quatre doigts environ de l'extérieur de la gorge. Il importe beaucoup de ne pas manquer cette veine, car c'est le moyen d'adoucir et d'abréger les souffrances de l'animal.

Cette méthode est la plus usuelle : cependant il en existe deux autres que voici.

1° Après avoir, avec un bistouri, découvert la veine jugulaire en écartant les chairs, le tueur la coupe tout simplement. Cette manière plus sûre a l'inconvénient d'être lente et de multiplier les tourmens du porc. Elle ne convient guère qu'aux tueurs qui manquent d'expérience.

2° L'autre est de beaucoup préférable, elle étourdit l'animal, elle prévient ces cris affreux qu'il pousse dans son agonie ; et il serait à désirer qu'elle fût en usage partout. Elle est simple, facile d'ailleurs et donne moins de peine que toute autre. On attache le porc après un poteau : on lui donne un coup de masse entre les deux oreilles, ou bien, et mieux encore, on fait brûler sous son groin une mèche soufrée. Il tombe engourdi, et on l'égorge sans qu'il pousse un cri.

Dans tous les cas, il faut lorsque l'écoulement diminue, agiter un peu le couteau pour déranger les caillés du sang; il faut aussi que les aides tiennent le derrière de l'animal élevé et l'agitent de tems en tems pour hâter l'émission sanguine. Il va sans dire que le vase ou baquet plat est placé sous la gorge pour recevoir le sang. A mesure qu'il sort, une personne le remue avec la main pour en extraire les parties fibreuses; mais il serait à souhaiter qu'on employât à cet effet un grande cuiller de bois; car une main agitant ainsi ce sang fumant, est une chose révoltante, et ce mouvement peut réveiller l'instinct cruel, chez la personne qui l'exerce.

Manière de brûler le porc.

Lorsque le cochon est raide, on le relève un peu, on étend sous lui une botte de paille que l'on étale; on le couche sur le ventre en repliant les jambes, de manière qu'il ne penche ni d'un côté ni de l'autre, et se maintienne en équilibre. Le tueur alors lui arrache les soies pour en faire des pinceaux. A cet effet il tire brusquement, et à rebours chaque petite pincée, en prenant garde de se blesser les doigts. D'autres préfèrent couper ces soies en les prenant d'une main par un bout, et passant de l'autre le tranchant d'un couteau bien affilé, le plus près possible de la racine. Ce procédé vaut mieux. Les soies recueillies, on délie une autre botte de paille, on l'éparpille sur l'animal, puis on tourne plusieurs poignées de paille de façon à en faire des torches grossières, et on y met le feu; on se sert de ces torches enflammées pour allumer la paille qui couvre le porc. Quand cette paille est toute brûlée, le tueur prend un balai et balaye le cochon recouvert des cendres noires et légères de la paille appelées *moret*. Comme il est essentiel de ne pas trop chauffer parce que le lard perdrait de sa qualité, le tueur expérimenté a dû éteindre avec le balai les portions trop épaisses de la paille qui brûlaient encore après avoir grillé les soies. Si à raison de ce soin, il reste des soies non brûlées, il les redresse avec le balai, et les grille en agitant sur elles des poignées de paille enflammée. De même si quelque partie a échappé à l'action du feu, comme les oreilles (surtout quand elles sont relevées), le museau, les pieds, la queue, le tueur prend de nouvelles torches allumées et les promène sur ces parties : il balaye encore un peu son cochon, écarte le reste des pailles brûlées, puis dispose un lit de paille fraîche, ou deux planches bien sèches, où il le couche sur le côté pour le couper en morceaux, ou d'abord pour l'ouvrir.

Mais auparavant il s'occupe de laver et racler l'épiderme du cochon nouvellement brûlé. Pour cela, il la racle doucement avec un couteau, tandis qu'un aide verse de l'eau d'un peu haut, au fur et à mesure du raclage. l'opération finie et l'animal tombé sur la dure, on remarque sur la couenne une espèce de vermillon appelé *frange*, que les charcutiers aiment à faire paraître comme indice de la graisse et de la bonne santé du porc. Alors, si le dépeçage doit avoir lieu sur-le-champ, le tueur y procède : si au contraire, comme il arrive le plus souvent, il doit transporter le cochon ailleurs pour le diviser, le tueur fait saillir avec le couteau (mais sans les couper) les deux nerfs qui se trouvent au-dessus des petits ergots des pattes de derrière; passe dans les deux ouvertures que ces nerfs produisent, les extrémités du jambier qu'il attache dans son milieu, et entre les deux pattes, avec une corde; couche le cochon sur une brouette à claire-voie, et le transporte ainsi; ou bien encore l'étendant, le dos sur une échelle appropriée, n'ayant qu'environ dix bâtons, il recouvre le tout d'une nappe, et attache la corde du jambier au haut de l'échelle qu'il lève ensuite d'un bout en avant d'une muraille; puis il procède à l'ouverture de l'animal, qui se trouve avoir la tête en bas.

Cette position convient parfaitement pour dépecer le porc par le ventre; mais pour le dépecer par le dos, la position n'est pas verticale: le porc demeure couché soit sur la terre recouverte de paille, soit mieux encore sur un étal ou sur une table. Pour la charcuterie de ménage, on dépèce ordinairement, sur le terrain où il a été tué et brûlé, l'animal comme il suit.

Manière de dépecer le porc par derrière.

Il commence d'abord par enlever un des

jambons de derrière, qu'il coupe circulairement au point de jonction du tronc et de la cuisse; son coutelas lui suffit pour cette opération : il enlève ensuite son jambon de devant à peu près de la même manière, et en relevant fortement le membre coupé pour disjoindre l'os : cela fait, il retourne le porc, et lève de la même manière les deux jambons de l'autre côté. Si, comme on a coutume de le faire, on réserve la tête entière pour la préparer en hure ou fromage de cochon, le tueur la coupe très près des épaules; pour cela il commence à la tailler circulairement au bas du cou avec son coutelas, puis il la sépare du tronc au moyen d'un couperet bien aiguisé. Si au contraire, selon l'usage de la campagne, on veut manger la tête braisée, grillée ou salée, le tueur la fend longitudinalement en deux parties égales, et ne la sépare point du cou; elle reste à demeure après les deux morceaux alongés du dos; mais cette manière d'opérer est ancienne et fort rare à présent.

Les quatre jambons et la tête coupés, le tueur fend longitudinalement le dos du cochon le long de l'échine ou de la colonne vertébrale; il arrive ainsi à la queue, qu'il sépare du tronc, ou qu'il laisse après l'une des moitiés du dos; il soulève ensuite, avec son couteau, les deux parties du dos à droite et à gauche, puis il casse avec son couperet la première vertèbre du cou, et enlève toute la colonne ou échinée, au bout de laquelle souvent il laisse la queue. Il écarte les côtes, alors l'intérieur du corps est à découvert, et chaque partie du dos renversée sur le lit de paille; le tueur alors prend tout ou partie des deux seaux d'eau dont j'ai parlé, et le jette dans le ventre ouvert du cochon, qu'il soulève ensuite pour épancher l'eau. Il enlève ensuite le grand sac de l'estomac, les gros boyaux, les intestins grêles, que l'on met tout de suite dans une grande corbeille ou panier pour les porter dans le baquet à demi-rempli d'eau tiède, où ils doivent tremper pour faire bientôt des andouilles et des boudins; on ôte après cela le foie, en soulevant le fiel avec précaution, pour que sa vésicule oblongue ne se crève pas; on le jette, et on met le foie à part avec l'épiploon (crépine ou toilette), et la rate, qui a trois faces, comme nous l'avons expliqué en commençant. Cela fait, on coupe le diaphragme, et l'on ôte les poumons de la cavité de la poitrine; un coup de couperet brise le sternum, et sépare les côtes qui restent à droite et à gauche; la vessie, les rognons, le cœur, sont successivement enlevés : le tueur charge alors sur ses épaules le cochon ouvert, en appuyant la couenne sur lui, et le porte dans la maison sur une large table, où il achève de le dépecer : assez communément il attend au lendemain, et laisse l'animal étalé sur le dos. Cependant, dès le jour même, il peut enlever la panne, masse de graisse lactée qui tapisse l'intérieur de la peau qui recouvre le ventre, la poitrine et la gorge, pourvu que ce soit en hiver et que la panne ait eu le tems de se refroidir. Plus le cochon est gras et bien portant, plus la panne est d'un beau blanc de lait, à peine interrompu par quelques membranes rosées.

Pour achever le dépècement du cochon, le tueur enlève à droite et à gauche du dos, d'épaisses et larges couches de chair qui se trouvent sous le lard, et que l'on nomme le *filet;* c'est la partie la plus estimée de la viande du porc; il ôte ensuite les *carrés* où se trouvent les grosses côtes mobiles, et lève ensuite séparément celles du côté de la tête, que l'on nomme *plates-côtes*. Tous les organes et toutes les chairs étant enlevés, il fend longitudinalement le porc par devant, au milieu, de telle sorte qu'une partie du corps ne soit pas plus large que l'autre. On peut saler le lard ainsi divisé en deux parties longitudinales; mais il vaut mieux le couper ensuite transversalement à la moitié de chaque pièce; on le sale mieux et l'on a moins d'embarras. Quand il étale des porcs récemment tués, le charcutier ne partage point ainsi les deux parties longitudinales, qui tapissent son magasin, comme nous le verrons plus tard; mais il le fait lorsqu'il est question de mettre l'animal dans le saloir.

Autre manière de dépecer le porc par devant.

Nous croyons devoir indiquer cette seconde méthode, employée aussi par de très bons charcutiers, et principalement pour la charcuterie de boutique.

Quand l'animal est suspendu et tenu en

position à l'aide de la courte échelle et du jambier, le tueur lui fend le ventre depuis la queue jusqu'à la saignée de la gorge, en évitant d'attaquer les boyaux; il ôte la vessie placée près des jambes de derrière, tout en prenant bien garde qu'elle ne se vide sur les chairs; puis tandis qu'un aide la dégonfle d'urine et la remplit d'air en y soufflant avec un tuyau de plume ou de paille, le tueur continue la dissection de l'animal.

Il fend l'os coccyx avec le fort couteau et le maillet, écarte fortement les deux jambes postérieures, dégage le rectum (que les charcutiers nomment le boyau *culier*), en ayant soin qu'il ne salisse pas les viandes. Il place ensuite une terrine dessous la tête pour recevoir le sang resté dans le voisinage du cœur, et qui doit bientôt en découler, tire tous les intestins qu'il place sur une nappe ou dans une corbeille; coupe l'estomac (*herbière* ou *avaloire*) près de l'enveloppe du cœur; ôte la rate, puis le fiel avec les précautions nécessaires. Après cela il fend l'os du poitrail, écarte les jambes de devant, arrache le cœur, le foie, le gosier, ainsi que la langue qu'il dégage avec le couteau. Cette besogne achevée, il fend en deux parties l'échine depuis le cou jusqu'à la chute des côtes, presse avec les doigts les veines d'entre les côtes et celles de la tête qu'il soulève pour en extraire tout le sang qui est resté. Alors il écarte le vase qui a reçu ce reste de sang, et lave tout l'intérieur du corps avec de l'eau propre et fraîche pour dérougir les chairs.

Il est bon de faire observer ici que les viandes trop abondamment lavées perdent leur fermeté, leur lustre, et sont plus difficiles à conserver. Si donc, après le lavage, il reste auprès de la saignée, des chairs rougies par le sang, ce qui arrive pour l'ordinaire, il ne faut pas continuer dans le but de blanchir ces chairs, un lavage qui serait préjudiciable à toutes les autres; mais les enlever par tranches fort minces, et les réserver pour confectionner les saucisses et les cervelas. Le reste sera essuyé avec un linge blanc, afin qu'il ne demeure aucune trace sanguinolente sur le lard.

Travail des boyaux.

Le charcutier distingue les boyaux en grands intestins longs de huit brasses, et les petits intestins longs de douze, tant dans les grands que dans les petits porcs. Pendant qu'ils sont encore chauds, il détache avec les doigts et le pouce la crépine ou l'épiploon; et la sépare des petits boyaux, et dégraisse de même avec le couteau, les gros intestins et le ventricule; les graisses sont ce qu'on nomme le *dérac*. Elles seront fondues plus tard, et formeront un sain-doux inférieur à celui que produit la panne.

Avant de procéder au lavage des intestins, soit dans un grand baquet ou mieux dans un ruisseau, le charcutier coupe les petits boyaux par longueurs d'environ une brasse, et les gros plus longs afin de servir à la confection des andouilles. Ensuite, avec une baguette longue d'un pied, aiguisée par un bout, il prend successivement chaque morceau d'intestin, et avec la pointe, fait rentrer l'une des extrémités de l'intestin dans l'intérieur, de manière à le retourner à l'envers. Ainsi la baguette conduit cette extrémité du boyau jusqu'à l'autre bout, et fait entièrement glisser et retourner ce boyau sur elle.

Cela se pratique pour les intestins grêles; quant aux grands boyaux, le charcutier les vide, et les retourne avec les doigts.

D'ailleurs les uns et les autres sont ensuite vidés, lavés, rincés, et cette manœuvre assez pénible s'appelle *laver à la première eau*.

En parlant de la préparation du boudin et des andouilles, nous dirons de quelle manière on achève de nettoyer complètement les intestins.

Morcelage du porc. Quatre ou cinq heures après l'ouverture du cochon, le charcutier sépare la tête d'avec le cou, en tranchant plus ou moins dans les joues. C'est ce qu'on appelle *laisser les joues grasses*, ou *déjouter* si on les enlève tout-à-fait. Il partage ensuite dans toute sa longueur l'épine du dos et toutes les chairs qui en dépendent, et chargeant chaque moitié sur chaque épaule, en appuyant la couenne sur lui, le tueur les porte à la maison sur une large table où il achève de les mettre en morceaux. Quelques charcutiers laissent une moitié de la tête avec ces deux moitiés longitudinales de la bête; d'autres agissent autrement; car chacun morcèle ses porcs à sa manière.

Tout ce qu'on peut dire sur ce point c'est qu'il faut s'arranger de façon à bien répartir les os avec la viande, à faciliter le débit, et à faire paraître avec avantage tous les morceaux.

D'ailleurs un charcutier qui tue beaucoup de cochons ne les divise pas tous de la même sorte, attendu qu'il est des parties qu'il emploie différemment dans les uns et dans les autres. Là, il lui faut des jambons, et il les enlève; là il ne lui en faut pas, et il les désosse seulement. Ici, la tête sera fendue, là conservée entière, ainsi de suite, d'après les nécessités du commerce et des préparations.

Manière d'écorcher les cochons. — La méthode la plus commune et la meilleure, est de brûler le porc, ainsi que je viens de l'expliquer; c'est la manière obligée de préparer le lard, puisque la peau du cochon en forme la couenne, et pour les gros porcs extrêmement gras, on n'agit jamais autrement; mais les porcs dits de *petit salé*, dont le lard est beaucoup moins épais et la chair plus abondante, s'écorchent assez ordinairement.

C'est du moins l'opinion générale; mais toutefois il est des charcutiers qui pensent différemment. « La méthode la plus simple, dit l'un d'eux, et en même tems la plus commode, consiste à griller le porc; néanmoins ce n'est pas la plus avantageuse, parce que la couenne qui serait excellente ne peut réellement plus servir comme aliment. Il vaudrait donc mieux écorcher tous les porcs, ainsi qu'on le fait pour les gras. » Je rapproche ces deux opinions si différentes: l'expérience de chacun décidera. J'ajouterai seulement que la peau est un produit perdu par le grillage, puis je vais indiquer le mode employé pour l'excoriation du porc.

Après avoir saigné l'animal, comme il vient d'être expliqué, le tueur l'attache par la tête et les pieds après un poteau, en l'appuyant sur le côté; il coupe ensuite la peau autour du cou, car on n'écorche point la tête; il enfle ensuite le porc autant qu'il peut, comme on fait pour les bœufs, afin d'enlever la peau plus commodément. Le porc bien enflé, il fend longitudinalement la peau le long de la colonne vertébrale, tel qu'il a fait pour le cochon brûlé, mais sans pénétrer dans le lard; il fend également et de la même manière au milieu du ventre; ensuite, l'écorcheur prend avec le bout des doigts de la main gauche, la peau fendue circulairement autour du cou; il la soulève avec son couteau, et la sépare du lard: la peau ne tarde pas à retomber; il la saisit toujours avec la main gauche, et la tire bien de cette main, tandis que la droite, armée du couteau, la détache de plus en plus. Quand il a achevé d'écorcher un côté, il le revêt d'un grand linge blanc, et l'appuie contre le poteau, puis il écorche l'autre côté.

On peut lever ou écorcher les jambons: plus ordinairement on les lève à l'avance; quelquefois aussi on se contente d'en détacher les pieds. Cela n'apporte aucune différence dans l'excoriation; l'écorcheur termine par dépecer le cochon à l'ordinaire; il sépare la chair pour la saler, et le lard forme de longues et de larges bandes roulées, que le charcutier vend pour barder les fines pièces de volailles, foncer les casserolles, etc. On préfère souvent ces bardes de lard écorché, à celles du lard salé, parce qu'elles sont beaucoup moins chères, mais elles ont aussi beaucoup moins bon goût. Nous en reparlerons plus tard. Très souvent l'écorcheur ne sépare point le lard des quartiers de filet, ou des *carrés*; on débite le tout ensemble.

Cette manière de préparer le porc est le seul moyen d'en avoir la peau. Aux États-Unis, où on la tanne pour divers usages, on écorche plus fréquemment les cochons que dans notre continent. Cependant il est quelques contrées en Europe, et notamment quelques provinces en France, telles que la Basse-Normandie, où l'on écorche les cochons.

Préparation du porc à blanc. — Dans plusieurs endroits du Berry, on a l'habitude de préparer le *porc à blanc*, c'est-à-dire d'en faire tremper la chair et le lard dans l'eau tiède, aussitôt après qu'on l'a tué: cette méthode rend la viande blanche et tendre comme du poulet, mais elle la prive en grande partie de sa saveur, et la rend difficile à conserver. Quelques-uns laissent le cochon immerger une journée, d'autres quelques heures : ce dernier procédé est le plus avantageux, et je conseillerais d'en faire usage quand on tue une coche, un verrat châtré et engraissé après avoir été long-tems étalon ; mais je ne pense pas que l'on doive plonger le lard dans l'eau. On peut légèrement assaisonner cette eau de sel, poivre, épices, et d'herbes aromatiques.

Manières de saler le cochon.

Dès que la chair et le lard sont assez attendris, et il suffit ordinairement de vingt-quatre heures pour cela, le tueur de cochon, ou le charcutier, achève de le dépecer comme je l'ai expliqué précédemment, puis il s'occupe à le saler ; il le met soit entre des planches, *voyez* manière de faire le lard, chapitre *Charcuterie*, soit dans un baquet, *voyez* page 139, soit par infusion liquide, soit par infusion sèche, pages 142 et 143. On peut également conserver la chair de porc par d'autres procédés moins connus, mais qui ne sont pas moins avantageux.

Manière de conserver le porc dans le saloir.

Le saloir est une sorte de tonneau défoncé d'un côté, ou plutôt une espèce de tine élargie par le bas, et resserrée par le haut. Le bois en doit être épais, très sec, et ne présenter aucune ouverture par où les mouches et autres insectes puissent s'introduire.

Il y a même des charcutiers expérimentés qui recouvrent en dehors la base et tout le fond du saloir, avec de la poix noire ou du goudron, qu'ils étendent uniformément à l'aide d'un fer rouge, et en donnant à cette couche de poix environ deux centimètres d'épaisseur.

Vous mettez une couche de sel au fond du saloir; puis vous saupoudrez et frottez bien de sel les jambons que vous placez sur ce premier lit; vous remettez du sel, puis les autres morceaux du cochon, successivement jusqu'à la fin. Vous tâchez de remplir le saloir, sinon vous mettez sur la dernière couche de viande ou de lard une toile bien sèche couverte de son bluté, puis une planche ou couvercle, qui ait exaotement la forme du saloir : vous remettez ensuite le couvercle ordinaire, qui doit fermer très hermétiquement. Ces précautions sont indispensables, parce que le moindre contact de l'air peut donner à la salaison, un goût très désagréable, connu sous le nom de goût d'*event*.

Quand le saloir a déjà servi, il faut avant d'y remettre de nouveau lard, le bien laver à l'eau bouillante que vous y renfermerez un instant ; jeter cette eau, la remplacer par une décoction de branches de genièvre, l'y laisser deux heures, vider et laisser le saloir quelques jours.

Salaison du porc par l'acide muriatique, ou esprit de sel.

Étendez d'eau une quantité d'acide muriatique proportionnée à celle de la viande que vous voulez saler par ce nouveau procédé; mettez les morceaux par couches dans un saloir, ou grande terrine, et arrosez-les de ce mélange; couvrez bien ensuite le vase. La viande et le lard, conservés comme par les salages ordinaires, seront plus agréables au goût et de très facile digestion.

Nouvelle manière de saler le cochon.

Prenez un baquet bien propre, et troué comme pour couler la lessive ; mettez au fond du thym, du laurier, quelques gousses d'ail, de l'ognon, du poivre en grains et en poudre frais moulu. Couvrez tout cela de sel, puis faites un lit de cochon et un lit de sel. Quand à peu près la moitié de l'animal est ainsi placée, on met les deux jambons, et on les recouvre bien de sel. On remet par dessus encore, quelques branches de thym, de laurier, et on y ajoute quelques feuilles de sauge ; puis on continue d'emplir le baquet avec le reste du cochon, en le pressant bien comme s'il devait être à demeure, et alternant toujours le lit de sel. Le baquet rempli, ou toute la viande disposée dedans, on le couvre encore de thym, de laurier, d'ognons, de sel, et l'on jette dessus trois ou quatre verrées d'eau, pour provoquer la fonte du sel.

Ce sel fondu, ou la *saumure*, tombe par le

trou du baquet, sous lequel on a mis un vase pour la recevoir : on la reverse dessus le cochon, à mesure qu'elle s'échappe de nouveau par le trou, comme quand on coule une lessive.

Au bout de dix à douze jours au plus tard, on peut retirer du baquet le lard, la chair et les jambons. Tout est assez salé. On pend les quartiers au plancher; ils ne sont point exposés à prendre *l'évent*, comme dans le saloir.

Les jambons sont accrochés pendant une quinzaine de jours dans la cheminée, afin qu'ils sèchent bien. On a ensuite de la cendre de sarment passée au tamis; on en couvre entièrement les jambons, qui sont mis alors entre deux planches, avec des poids très lourds dessus.

Quand on veut faire cuire ces jambons, on les lave bien, et on les enveloppe de nouveau de thym, de sauge, de foin bien vert et qui a été bien fané. Cette méthode leur donne le goût des jambons de Mayence.

Choix du porc et des parties les plus favorables à la salaison.

Si vous avez de la chair de cochon ladre, il faut vous en servir pour préparer de la chair à saucisse, de la farce de toute espèce, des cervelas et des saucissons ; enfin la débiter fraîche et le plus tôt possible, parce qu'elle n'est point salifiable, et achèverait de se détériorer dans le sel. Pour que la salaison conserve parfaitement le porc et lui donne un bon goût, la chair en doit être d'un beau grain, friable sous la pression, et la peau peu épaisse. La chair d'un vieux cochon est dure, coriace, et le devient encore davantage dans le sel. Les parties les plus faciles à conserver sont celles qui se présentent sous une forme solide ; aussi le jambon se sale-t-il avec plus d'avantage que tout autre morceau. Il faut pour cela, que les parties glanduleuses soient plus que toute autre imprégnées de sel, parce qu'elles risqueraient de se corrompre.

Néanmoins dans tous les morceaux de viande où il se rencontre des os, la conservation est plus difficile, à raison des interstices qui se trouvent entre eux. Aussi bien des charcutiers désossent les jambons; du moins s'ils l'omettent, ont-ils soin de bien saupoudrer les os de sel, et de les soustraire à l'action de l'air.

Ce n'est pas assez de bien choisir la viande, il faut apporter le même soin au choix du sel, car la bonté du salé en dépend. C'est à celui qui provient de la fontaine de Salies, que les salages du Bigorre et du Béarn, connus sous le nom de jambons de Bayonne, doivent leur juste réputation.

Salaison du porc par infusion liquide.

Huit livres de sel, une livre de sucre, et quatre onces de salpêtre, mis en ébullition pendant quelques minutes, avec quatre gallons d'eau, forment une saumure qui préservera parfaitement la chair de porc que l'on y trempera. Après le refroidissement du liquide, on a soin de couvrir la viande d'une pierre ou d'une très forte planche. Ce procédé conserve long-tems la partie animale, mais il en altère un peu la qualité.

Salaison du porc par infusion sèche.

On sale à sec en frottant la surface de la chair de porc et du lard, avec du sel : il faut frotter avec force, la salaison n'en est que meilleure. Pour six livres de viande, on emploie à peu près une demi-livre de sel. La viande ne doit pas être salée immédiatement après que le porc est dépecé ; il faut attendre que les chairs se soient attendries.

Le porc, comme le bœuf, acquiert dans la salaison une couleur verdâtre ; si on mêle une once de salpêtre à cinq livres de sel, les fibres musculaires obtiendront une belle teinte rouge, mais alors la chair s'altère, et prend souvent un goût désagréable. Si on tient à ce qu'elle ait une couleur de pourpre sans rien perdre de ses qualités, on y mêlera un peu de cochenille.

Manière de M. Cazalès, professeur de chimie et de physique à Bordeaux, pour dessécher et conserver la viande.

Il y a environ cinquante ans que ce savant

estimable a publié cet excellent moyen, trop peu connu. Il l'a essayé sur de la chair de bœuf; mais on peut l'appliquer également sur celle de porc.

Mettez la viande désossée, découpée en morceaux de plusieurs livres, dans une étuve de huit pieds de long sur quatre de large, sur cinq pieds et demi de hauteur; et, à l'aide de deux poêles, on porte la température à 55 degrés du thermomètre de Réaumur, et on la soutient pendant soixante-douze heures.

La viande desséchée acquiert la couleur de la viande cuite : on la plonge ensuite dans une dissolution de gelée faite avec les os, ayant une consistance de sirop. On la reporte à l'étuve, l'humidité s'évapore, et la viande reste couverte d'une espèce de vernis qu'on pourrait remplacer avec avantage par celui que donne le blanc d'œuf desséché.

Pour se servir de cette viande, on la passe à l'eau, qui lui enlève son vernis; on jette cette eau, ensuite on met la viande tremper pendant douze heures dans l'eau qui doit servir à la faire cuire en potage ou autrement; une ébullition de quatre à cinq minutes suffit pour opérer la cuisson de la viande ; on y ajoute des assaisonnemens convenables, et on peut l'accommoder de toute façon. Elle est presque aussi agréable et aussi tendre que la viande fraîche.

Manière de conserver la viande d'après les Mahométans et les Arabes.

Les Africains conservent aussi la chair de chameau par ce procédé bien simple: Ils coupent la viande en quartiers, et leur donnent un quart de cuisson dans du beurre fondu ; ils les laissent refroidir, les arrangent dans des jarres de terre, versent dessus le beurre figé, puis ils ferment exactement les vases, ayant soin, chaque fois qu'ils en tirent un morceau de viande, que le reste soit bien couvert de beurre ; ils ne les salent et ne les assaisonnent que pour l'usage journalier. On pourrait recourir avantageusement à cette méthode pour conserver du porc frais long-tems.

Autre moyen de conserver le porc dans l'huile, comme le thon.

Ce procédé, économique dans les pays où

l'on récolte beaucoup d'huile, offre, pour tout autre, une agréable variété dans la manière de conservation du porc.

Découpez la viande dès qu'elle est tuée, faites-en des morceaux courts et coupés en largeur; arrangez-les dans des jarres ou bocaux (en les comprimant fortement); versez dessus de l'huile d'olive fraîche, de manière que tous les morceaux de chair soient entièrement baignés. Les bocaux doivent être parfaitement remplis; l'immersion achevée, vous fermez hermétiquement avec un bouchon luté à l'aide d'une pâte de craie et d'huile qui forme le mastic des liquoristes. Après cinquante jours de navigation, de la chair de porc ainsi conservée n'était altérée en aucune manière. Lavée à l'eau bouillante, pressée, battue pour la débarrasser de l'huile, elle flattait encore le goût et l'odorat.

Je conseille au charcutier d'adopter cette méthode; il pourra ainsi varier ses préparations et obtenir de gros bénéfices: des andouilles se conserveront très bien par ce procédé.

Préparation de la chair de porc et de dindon dans le sain-doux.

Faites fondre du sain-doux, et procédez de la même manière qu'avec l'huile ; le résultat sera aussi heureux. Il est à remarquer que cette graisse et l'huile, employées pour la conservation des viandes, ne perdent aucune de leurs qualités, et que l'on peut s'en servir pour l'assaisonnement des viandes ou des légumes.

Jambon confit.

Prenez une livre de jambon ; pilez-le dans un mortier avec deux onces de beurre nouveau jusqu'à ce qu'il soit changé en pâte ; assaisonnez-le de poivre et d'autres épices ; mettez-le en pot, couvrez-le d'un peu de beurre clarifié ; laissez reposer une nuit, et le lendemain bouchez votre pot avec du papier.

Manière de conserver le porc frais en le marinant.

Faites cuire à moitié des cotelettes séparées et des tranches épaisses de filet de porc frais ; frottez-les ensuite d'un peu de salpêtre et de sel fin; mettez-les après dans un vase de terre, avec des feuilles de laurier, de thym et de sauge, de manière qu'il y ait alternativement un lit de ces cotelettes et filets, ensuite un lit de laurier, de sauge et de thym, et ainsi de suite. Couvrez votre terrine, laissez-y cette marinade pendant vingt-quatre heures; retirez vos morceaux de viande, essuyez-les, et faites-les cuire à petit feu avec un peu de saindoux et la graisse de la première cuisson. Quand ils seront entièrement cuits, vous les retirerez de la graisse, vous les laisserez refroidir, et vous les arrangerez à demeure dans une terrine ou dans un pot, en les joignant bien les uns aux autres. Vous verserez dessus la cuisson encore tiède jusqu'à une épaisseur de trois doigts au-dessus; vous pourrez ajouter un peu de sain-doux fondu. Quand tout est bien refroidi, vous couvrez hermétiquement la terrine.

Nouvelle salaison qui conserve très long-tems le porc.

Sitôt que la viande est refroidie, coupez-la par morceaux, et saupoudrez-la des ingrédiens suivans : *lignum vitæ* en petits copeaux ou grosse sciure, une livre; sel commun, quatre onces; sucre brut, quatre onces; sel de prunelle ou d'oseille, demi-once. Votre viande étant ainsi saupoudrée, enveloppez-la dans un sac de toile bien serrée, mettez ce paquet dans une corbeille, petite tine ou saloir, et couvrez le tout de sciure de bois grossière.

Un excellent moyen pour conserver le lard et la chair de porc des années entières, c'est de les placer, après qu'ils sont salés à sec, dans un tonneau ou saloir passé au feu et charbonné.

Méthodes diverses pour la conservation du porc.

On conserve aussi la chair de porc en la faisant plonger dans de l'alcool ou de l'eau-de-vie, comme je l'ai expliqué pour la manière de conservation par l'huile. On peut aussi la *boucaner*, ainsi que les soldats font de leur viande, c'est-à-dire l'exposer pendant quelques jours à la fumée, ce qui la conserve pendant une dizaine de jours; au bout de ce tems, la viande se met dans le sel ou la saumure.

Le charcutier doit aussi connaître les procédés convenables pour garder du porc frais intact; en voici plusieurs :

1° Il conservera pendant huit ou dix jours de la viande saine, et rétablira celle qui commence à se gâter, en la lavant deux ou trois fois par jour avec de l'eau saturée d'acide carbonique, ou en l'exposant au gaz carbonique dans une cuve en fermentation. Ce dernier moyen est rarement à sa disposition, aussi ne m'arrêterai-je que sur le premier, en faisant observer au charcutier que, si un charbon ardent purifie la viande en ébullition, l'acide carbonique ou essence de charbon doit avoir une vertu analogue et bien plus puissante.

2° On préserve aussi de toute altération, pendant une huitaine de jours, la viande lavée journellement avec du lait aigri ou caillé.

3° Mettez les morceaux de viande dans une large passoire, arrosez-les pendant une heure avec de l'eau bouillante, et frottez-les ensuite de sel bien égrugé. La dizaine de jours écoulée, servez-vous-en, et préalablement exposez-les à l'air pendant vingt-quatre heures, et mettez-les tremper une heure ou deux dans de l'eau tiède; votre porc frais sera aussi bon pour griller ou rotir, que si vous aviez tué l'animal le jour précédent.

4° Le porc frais cru se garde encore très bien dix jours au moins, lorsqu'on en couvre les morceaux d'une légère couche de son bluté, et qu'on les suspend au plafond d'une chambre élevée et bien aérée, soit dans un petit baril percé d'un grand nombre de petits trous, soit dans un garde-manger bien garni de toile métallique, qui laisse pénétrer l'air, et sert de barrière aux mouches.

5° Si le charcutier a préparé beaucoup de porc frais rôti ou de toute autre façon, et que l'humidité de la saison, la lenteur du débit, le menacent de voir gâter sa viande, il préviendra cet inconvénient en agissant ainsi :

Il rangera ses morceaux cuits par couches dans un vase de terre ou de grès; il les arrosera avec une gelée liquide, une sauce piquante ou du jus de rôti. Il fermera hermétiquement le pot ou la terrine qui contient la viande, et lutera les bords avec de la pâte ou du papier, afin d'empêcher la communication de l'air extérieur.

Préparation du cochon de lait.

Puisque nous nous occupons spécialement dans ce chapitre de la manière d'égorger et de dépecer le compagnon de saint Antoine quand il est grand, je pense qu'il est convenable de dire comment on procède à sa mort quand il est petit. Cela appartient aux cuisiniers; mais un charcutier doit d'autant moins l'ignorer, que les personnes dont les cuisinières ne sont pas assez habiles pour préparer le jeune animal, sont dans l'habitude de le faire porter à un tueur.

Enfoncez un couteau bien pointu dans la gorge du cochon de lait; suspendez-le ensuite par les pieds afin de le faire saigner le plus possible, car il doit être très blanc. Lorsqu'il a bien saigné, mettez-le dans un chaudron rempli d'eau chaude, où vous pourriez endurer le doigt. Laissez-y tremper votre cochon, frottez-le avec la main; si les soies se détachent, vous le retirerez de l'eau, vous le frotterez fort avec un linge blanc. Vous le retremperez un instant dans l'eau, vous le ressortirez de nouveau, et vous frotterez encore les soies; quand elles seront toutes détachées, vous ferez dégorger l'animal pendant vingt-quatre heures. Si l'on a l'intention de le mettre à la broche, ce qui se fait le plus communément, vous lui ferez sur le bas du dos quatre incisions pour relever la queue, ainsi que cela se pratique au derrière du lièvre; vous le pendrez ensuite, et le laisserez sécher. Quelques personnes font de légères incisions autour du cou, et transversalement sur les cuisses du cochon, pour empêcher la peau de crever en rôtissant.

CHAPITRE V.

CHARCUTERIE PROPREMENT DITE. — MANIÈRE D'APPRÊTER TOUTES LES PARTIES DU COCHON.

Boudin noir.

Nous avons vu qu'une personne tourne le sang du cochon à mesure qu'il coule; quand il a cessé de couler, elle met le vase qui le contient sur la cendre chaude pour l'empêcher de se coaguler; elle s'occupe ensuite de *panner* ou *manier* le sang; pour cela, elle prend de la panne, une livre à peu près par pinte de sang, du persil, de la ciboule, du vieux lard, de la muscade, du laurier, du sel, du poivre; elle hache bien le tout, l'arrose de crême, et le met dans le sang en remuant bien, afin de diviser les parties hachées menu; les ognons coupés en dés, que l'on a coutume de passer au sain-doux, et de mêler à la panne du sang, me paraissent devoir être supprimés, en ce qu'ils ajoutent à la propriété indigeste de ce mets. Le boudin dont je donne ici la recette est beaucoup plus léger, et plus délicat que celui que l'on fait par le procédé ordinaire.

Votre sang panné et tenu bien chaudement sur la cendre, vous vous occuperez à nettoyer les boyaux. Sitôt qu'ils sont tirés du corps du porc, et après le *lavage à première eau*, vous les avez mis tremper dans de l'eau tiède; secouez-les dans cette eau, comme vous feriez pour rincer du linge; jetez-la, remettez les boyaux dans plusieurs eaux, jusqu'à ce qu'ils la laissent à peu près limpide. Prenez ensuite un boyau, étendez-le sur une table de cuisine; ayez une branche d'osier flexible; et faites-lui embrasser le boyau, dans une boucle que vous formerez en tenant les deux bouts de l'osier près du boyau, entre le pouce et l'index droits. Vous serrerez bien cette boucle, et vous y passerez le boyau du haut en bas, en le tirant, avec la main gauche, au-dessous de la boucle d'osier. Cette pression fera sortir toutes les matières qui se trouvent dans l'intérieur et à l'extérieur du boyau. Vous le plongerez quelques instans dans le baquet où il trempait précédemment, et vous recommencerez à le passer à l'osier; vous répéterez cette opération jusqu'à ce qu'il ne sorte plus rien du tout, et vous ferez tremper le boyau, bien nettoyé, dans une terrine d'eau froide, destinée à recevoir et à raffermir vos boyaux tout préparés.

L'osier extrait beaucoup d'immondices, qui tomberont sur la table; vous les ôterez à mesure avec une grosse éponge, ou avec un large couteau, qui vous servira à racler la table : il faudra avoir devant la table un baquet pour recevoir ces immondices; quant aux bouts de boyaux qui pourraient se casser en nettoyant, vous les mettrez à part pour les introduire dans les andouilles. Au reste on casse peu les boyaux en se servant de la boucle d'osier; cet accident est bien plus fréquent lorsqu'on les nettoie en les raclant avec un couteau ordinaire, ou même de bois.

Quand tous les boyaux seront parfaitement nettoyés, blancs et sans odeur, vous en prendrez un par un bout, et vous ferez tenir l'autre extrémité par quelqu'un, ou si vous vous trouvez seul, vous la lierez tout de suite avec du fil de cuisine, et vous attacherez ce fil après le premier support venu, le barreau d'une chaise, par exemple ; vous soufflerez ensuite dans le boyau, en fournissant assez d'air pour l'enfler d'un bout à l'autre. Le but de cette manœuvre est de vous assurer si le boyau est intact; s'il a quelque trou, quelque déchirure (1), vous vous en apercevrez aussitôt, et vous lierez le boyau un peu au-dessus, pour prévenir la perte du sang. Si les trous se trouvaient trop rapprochés, ou le boyau d'un mauvais tissu, trop faible pour supporter le

(1) Les intestins du cochon sont quelquefois percés par les strongles (*strongylus dentatus*), espèce de vers dont la bouche est entourée de cils recourbés.

poids du sang, et l'effort de la cuisson, vous le sacrifieriez tout de suite, et le relégueriez avec les bouts cassés, parce que vous vous exposeriez, en l'employant, à perdre le sang et votre peine.

Bien assuré du bon état du boyau, vous l'entrerez, par l'extrémité que vous tenez en main, sur le *boudinoir*. C'est une espèce d'entonnoir rond, en fer-blanc, un peu plus évasé que les entonnoirs ordinaires, et dont aussi le tuyau est plus renflé : pour plus de commodité, il a une petite anse à la partie évasée. On entre le tuyau de l'entonnoir dans le bout du boudin que l'on plisse et resserre sur ce tuyau autant que possible : une autre personne tient le boudinoir en appuyant les doigts sur le tuyau qu'embrasse l'extrémité du boyau et le maintient droit. Alors on remplit une cuiller à pot du sang panné et on la verse dans le boudinoir. Tandis que le sang coule, on coupe des morceaux de panne fraîche gros comme le pouce, et un peu moins longs ; on roule ces morceaux dans un hachis bien menu de fines herbes, ou on les laisse au naturel, et on les met de tems en tems, un à un dans le boudinoir, afin qu'ils soient précipités par le sang dans le boyau : ce procédé, ignoré de beaucoup de charcutiers, nourrit le boudin, en varie le goût, et le rend excellent. Cette panne grillée ou frite quand on sert le boudin, en est la partie la plus délicate.

Le boyau étant près d'être rempli, il faut dérouler à mesure le bout roulé sur le tuyau du boudinoir, et terminer par tenir le boudinoir suspendu au-dessus du boyau. On ferme le boudin en le ficelant par cette extrémité comme par l'autre, et l'on a un long boudin, que l'on coupe ensuite transversalement en morceaux, après la cuisson ; mais cela est peu distingué ; il est de meilleur goût de préparer à l'avance les morceaux du boudin, en liant de place en place, le boyau à demi rempli de sang, que l'on éloigne ou rapproche à volonté, en penchant le boyau dans un sens ou dans l'autre ; on sépare ensuite ces morceaux pour la vente. Outre la bonne grâce qu'ont ces morceaux ainsi divisés, ils doivent être préférés par l'acheteur, en ce que le sang ne s'égraine point comme aux autres morceaux, en coupant, pelant et faisant griller ; ces boudins crèvent peu. Dès qu'un boudin est préparé, vous l'étendez sur la table recouverte d'un torchon blanc, et vous passez à un autre ; pendant ce tems-là vous avez sur le feu une chaudière à demi pleine d'eau. Vos boudins achevés, mettez-les en rond dans cette eau un peu plus que tiède, après avoir passé de distance en distance, sous l'espèce de cerceau que forment vos boudins, une longue tige d'osier dont les deux bouts réunis et liés se trouvent sur le bord de la chaudière. Cet osier vous permettra de soulever commodément votre boudin, soit pour juger du degré de cuisson, soit pour le retirer de l'eau : on peut aussi se servir pour cela d'une écumoire que l'on passe sous le boudin, mais sans l'osier son secours est insuffisant.

Il faut se garder de faire bouillir l'eau de la chaudière, parce que le boudin creverait ; maintenez cependant l'eau bien chaude, et faites cuire pendant un quart d'heure. Au bout de ce tems, soulevez le boudin, piquez-le avec une épingle ; si le sang ne sort pas, il est cuit. Alors vous retirerez les boudins en prenant toutes les tiges d'osier, et vous les placez sur un linge bien blanc étalé sur une table; vous les disposez circulairement, vous les essuyez avec un torchon bien propre, et vous les frottez de panne fraîche pour les rendre brillans.

Nous dirons plus tard comment le charcutier doit étaler les boudins dans sa boutique. On les mange sur le gril ou dans la poêle, avec de la moutarde. Lorsqu'un particulier tue un cochon chez lui, il envoie du boudin à ses amis.

Quelques charcutiers manient le sang avec du vinaigre aussitôt qu'il est sorti, pour prévenir la coagulation; on peut les imiter : d'autres mélangent le sang du porc avec du sang de veau, mouton ou bœuf; il faut les blâmer de compromettre ainsi la santé des consommateurs par une telle addition : ils blessent également leur intérêt, car ce boudin dur, sans délicatesse et sans saveur, éloigne les acheteurs de chez eux.

Lorsqu'on tue beaucoup de porcs et que le sang est trop abondant pour les boudins que l'on veut faire, on y mêle un peu de fine farine de froment, et l'on pétrit le tout ensemble, pour former des boules plus ou moins grosses. Tenues au frais, ces boules peuvent se conserver quelques jours. On les prépare ensuite de la manière suivante. On les met dans du beurre roux; on les y fricasse, en y ajoutant du bon lait. C'est un mets de bon goût, mais extrêmement indigeste.

Boudin blanc.

Faites bouillir une chopine de bon lait; mettez-y ensuite une poignée de mie de pain, et délayez; passez ce mélange à la passoire; faites-le bouillir, et le tournez souvent jusqu'à ce que tout le lait soit bu par la mie de pain; laissez refroidir cette panade. Coupez une demi-douzaine d'ognons en petits dés, et passez-les au beurre, sans leur donner le tems de prendre couleur; hachez après cela parties égales de panne fraîche et de blancs de volaille; à leur défaut, remplacez ces blancs par toute autre chair blanche; vous pouvez, au besoin, hacher la panne seule, et la mêler avec vos ognons que vous avez retirés du feu, ainsi qu'avec la mie de pain, six jaunes d'œufs, un demi-setier de crème : ajoutez à l'assaisonnement du sel fin, des quatre épices concassées, et quelques amandes douces hachées. Ayez des boyaux de cochon nettoyés comme je l'ai conseillé à l'article précédent, et que vous avez coupés de la longueur dont vous voulez faire vos boudins. Liez l'un des bouts, remplissez-les aux trois quarts; liez l'autre bout, et mettez vos boudins dans l'eau bouillante. Au bout d'un quart-d'heure, piquez-les avec une épingle : s'ils sont cuits convenablement, il en sort de la graisse. Mettez-les dans l'eau fraiche, égouttez-les, et les rendez brillans en les frottant de panne.

L'acheteur les fait griller dans une caisse de papier huilé; pour les servir, il ôte l'enveloppe, et les mange très chauds. C'est un mets fort délicat.

Saucisses.

C'est une des branches les plus fécondes de l'art du charcutier : il y a 1° les saucisses rondes ou proprement dites, longues comme le doigt; 2° les saucisses longues, rondes aussi, et doubles ou triples en longueur; 3° les crépinettes ou saucisses plates, de la longueur des premières; 4° les saucisses aux truffes; 5° les saucisses larges au foie; 6° les saucisses recouvertes de graisse; 7° les saucisses au vin de Champagne.

Saucisses rondes.

Préparez d'abord de la chair à saucisses, comme il suit : hachez du porc frais, choisissez pour cela la chair la plus maigre et la moins nerveuse, avec du lard frais, moitié l'un, moitié l'autre : ajoutez du persil, des ciboules hachées, du sel, du poivre moulu, et un peu d'herbes aromatiques et d'épices; faites un bon mélange du tout, et mettez-le dans de petits boyaux : ceux de porc étant ordinairement trop gros, on les remplace par des boyaux de mouton. Entonnez votre chair dans les boyaux, à peu près comme le sang pour les boudins, et de tems en tems passez un petit bâton dans le tuyau de l'entonnoir, et par suite dans le boyau, afin de bien presser la chair, pour que les saucisses soient bien fermes : ficelez les boyaux bien courts.

Voyez au chapitre de la *Charcuterie-cuisine*, comment il faut les servir.

Saucisses longues.

Elles se font absolument de la même manière que les précédentes; seulement on coupe les boyaux une ou deux fois plus longs.

Saucisses plates ou crépinettes.

Ces saucisses prennent le nom de *crépinettes*, parce qu'au lieu d'enfiler la chair à saucisses dans des boyaux, on l'enveloppe de crépine, toilette ou épiploon : elles se font larges et aplaties.

Saucisses aux truffes.

Hachez des truffes avec la chair à saucisses; en entonnant la chair, ajoutez des tranches, ou de petits dés de truffes : du reste ne changez rien à la façon des saucisses, soit rondes, longues, plates, ou toute autre.

Saucisses larges au foie.

Ce sont de très grandes crépinettes, deux ou trois fois plus longues et plus larges qu'à l'ordinaire. Pour les obtenir vous prendrez un morceau de crépine de cochon, de la grandeur convenable, vous l'étalerez sur une table et vous y mettrez de la chair à saucisses par légères couches, entre lesquelles vous intercalerez des morceaux de crépine repliés, et de foie de porc à demi cuit : cette chair doit être placée sur le milieu seulement de l'enveloppe, afin d'en pouvoir rabattre les deux bords l'un sur l'autre. Vous ferez cuire ces saucisses dans un moule de fer-blanc proportionné à leur dimension ; et vous recouvrirez ce moule de panne ou saindoux bien épais ; vous assaisonnerez avec sel, poivre, muscade râpée, clous de girofle. La panne fondant par la cuisson, filtrera dans le moule et environnera votre saucisse. La cuisson achevée, vous laisserez refroidir, et vous renverserez le moule pour en extraire la saucisse, qui se trouvera revêtue partout d'une couche de graisse savoureuse. Vous la disposerez ainsi sur un petit plat, avec d'autres semblables.

On peut aussi se dispenser de revêtir cette espèce de saucisse de crépine, et supprimer les morceaux de foie dans l'intérieur ; il sera bien d'en faire ainsi de toute grandeur et de toute forme.

Saucisses recouvertes de graisse.

Ce sont des saucisses ordinaires, longues ou courtes, cuites comme les précédentes, mais sans que la chair à saucisses soit farcie de foie.

On peut y mettre des tranches de truffes.

Saucisses au vin de Champagne.

Cet accessoire délicat et distingué convient seulement aux saucisses préparées dans des boyaux de mouton, longues ou rondes n'importe. En entonnant la chair à saucisses dans les boyaux, on verse dedans, de tems à autre, quelque peu de vin de Champagne, de manière à bien humecter la chair, sans pourtant la trop délayer. On met ordinairement un verre de vin dans deux ou trois saucisses; le vin de Madère, Malvoisie, Constance, peut remplacer le vin de Champagne. Le charcutier fera bien d'ajouter des truffes à ces saucisses friandes.

Après les avoir fait cuire dans la poêle avec du beurre ou du sain-doux, le consommateur pourra y ajouter une verrée d'eau-de-vie ou de vin de Madère.

Saucissons.

Faites un choix de la chair maigre et courte du cochon; ajoutez moitié de son poids de filet de bœuf, et autant de vieux lard, que vous coupez en dés, tandis que vous hachez les deux viandes ensemble. Mettez, pour six livres de chair préparée, cinq onces de sel, un gros de poivre en poudre, autant de mignonette et de poivre en grains, trois gros de salpêtre; mêlez le tout exactement, laissez-le reposer un jour: le lendemain, nettoyez comme il faut des boyaux de bœuf, de veau, ou autres gros intestins que vous pourrez avoir; remplissez-les de votre composition, foulez bien la chair dans le boyau, avec un morceau de bois uni; ficelez les saucissons comme une carotte de tabac: lorsqu'ils sont bien remplis, mettez-les dans le saloir, laissez-les pendant huit jours baigner dans le sel mélangé avec une partie égale de salpêtre; faites-les ensuite sécher à la fumée; enduisez-les de lie de vin, dans laquelle vous aurez fait bouillir de la sauge, du thym, du laurier et du basilic; lorsqu'ils sont secs, enveloppez-les de papier pour les conserver dans de la cendre.

On les mange cuits dans une braise semblable à la cuisson du jambon.

Petits saucissons d'Estramadure dits *chorizos*.

Pilez de la chair avec du foie de cochon, du lard, du poivre, du sel, du piment, du salpêtre, du laurier, de l'ail, du thym, de la sauge, du genièvre : entonnez cette préparation dans les boyaux de bœuf, en y ajoutant beaucoup de poivre en grains, et de longs morceaux de piment. Terminez en exposant le saucisson à la fumée de genièvre; frottez-le ensuite de piment à l'extérieur. Ce saucisson est fort goûté en Espagne.

On l e sert braisé ou grillé.

Cervelas.

Choisissez de la chair entrelardée de porc, hachez-la avec du persil, de la ciboule, un peu d'ail, suivant le goût, ajoutez un peu de muscade et de laurier. Assaisonnez convenablement de sel, poivre en poudre et en grains, et un peu des quatre épices. Remplissez de ce mélange des boyaux de cochon ou de veau, selon la grosseur que vous voulez donner à votre cervelas. Liez-en les bouts sans ficeler tout le long; puis mettez-le pendant quelques jours dans la cheminée pour le fumer. Si vous voulez qu'il conserve une belle couleur rouge, vous ajouterez un peu de cochenille au hachis, ou bien vous verserez de tems en tems quelques gouttes d'une décoction de cette substance, en entonnant la chair dans les boyaux.

Les cervelas se font cuire dans une braise légère pendant deux ou trois heures : le charcutier en vend de crus et de cuits.

Cervelas cru.

Ce cervelas ne se fait point cuire, il ne se hache pas: pour le confectionner on coupe des tranches extrêmement minces de chair bien maigre de cochon ; on les pose par couches, les unes sur les autres, après les avoir fait mariner dans du vin rouge, du vinaigre, mélangés d'un peu d'eau, et fortement assaisonnés de sel, poivre, laurier, sauge, thym, basilic, ail, coriandre. Cette marinade peut être bouillie ou non bouillie. Quand les couches de chair ont mariné pendant six ou sept jours, on les dispose dans les boyaux, comme nous l'avons dit, en les assaisonnant encore de mignonnette, poivre en grains, sel, coriandre et muscade en poudre. On foule fortement ces tranches avec un morceau de bois uni, afin qu'elles s'incorporent les unes dans les autres, et paraissent faire un tout non interrompu. Après avoir posé quelques couches, vous ferez bien de les humecter d'une eau dans laquelle vous aurez mis de la cochenille, parce que ce genre de cervelas doit être vermeil. Lorsque vous l'aurez terminé en ficelant le boyau, vous le remettrez mariner une huitaine de jours dans la marinade d'où vous avez sorti les tranches; vous le ferez ensuite fumer pendant quelques jours à la cheminée, ou vous le mettrez sécher en le pendant au plancher.

Il faut préparer ces cervelas en très petite quantité ; beaucoup de personnes n'en mangent pas : ils servent à l'arrangement des *assiettes garnies* dont nous parlerons plus tard. **Il y en entre à peine quelques tranches, et on en trouve toujours trop.**

Cervelas à l'italienne.

Hachez de la chair maigre de cochon avec son quart en poids de lard ordinaire ; assaisonnez avec des épices, du sel, de la coriandre et de l'anis en poudre fine ; versez sur ce mélange moitié vin blanc, et moitié sang de cochon chaud : faites des filets avec la chair de la tête du porc, ou de la langue, pour les introduire avec le reste dans des boyaux de grosseur et de longueur convenables, que vous lierez par les deux bouts. Faites cuire à la braise, et exposez ensuite à la fumée de genièvre vert.

Cervelas aux truffes.

Hachez des truffes crues avec la viande du cervelas, et insérez-en des tranches en entonnant le hachis dans les boyaux.

Cervelas à l'ognon.

Prenez des ognons suivant la quantité de chair que vous aurez pour faire vos cervelas, hachez-les, et les mettez cuire avec du lard fondu ou du sain-doux ; lorsqu'ils seront aux trois quarts cuits, vous les mêlerez avec la viande.

Cervelas à l'échalotte ou à l'ail.

Vous hacherez de l'échalotte ou de l'ail dans la chair du cervelas, et en ajouterez de petites lames ou filets en entonnant le hachis; préparez très peu de ce genre de cervelas, rebuté des dames et des estomacs délicats.

Cervelas au veau, lièvre ou lapin.

Mélangez la chair maigre de ces divers animaux avec le hachis de votre cervelas.

Andouilles.

Choisissez les gros intestins ou boyaux les plus gros du cochon, lavez-les, nettoyez-les comme je l'ai expliqué pour les boyaux à faire le boudin, faites-les dégorger pendant vingt-quatre heures dans l'eau fraîche, laissez-les égoutter ensuite et essuyez-les bien; cela fait, partagez-les en longs filets avec de la chair coupée aussi de même, et de la panne hachée en petits morceaux; ajoutez-y du sel, du poivre, des plantes aromatiques pilées, et remplissez d'autres boyaux avec ce mélange; liez-les aux deux bouts et les posez dans le fond du saloir.

Le charcutier vend communément les andouilles crues; il est bon cependant qu'il en ait de cuites; il les mettra cuire dans du bouillon avec des racines, un bouquet de persil et ciboules, un peu de thym et de laurier. On peut avantageusement remplacer le bouillon avec du lait coupé de moitié d'eau; quand les andouilles sont cuites, on les laisse refroidir dans leur cuisson, on les cisèle et les fait griller.

Andouilles marinées et fumées.

Lavez bien la fraise et les gros boyaux gras de cochon, et coupez-les de la longueur que vous voulez mettre à vos andouilles, mettez-les mariner dans du vinaigre mêlé d'eau, laurier, thym, basilic, pendant une demi-journée; vous pourrez remplacer le vinaigre et l'eau par du vin blanc pur, les andouilles n'en seront que plus délicates: coupez ensuite en filets une partie de ces boyaux, de la chair de porc et de la panne également marinées, assaisonnez avec sel, poivre, quatre épices et un peu d'anis en poudre; remplissez le reste des boyaux avec ce mélange, et seulement aux deux tiers, de peur que la cuisson ne les fasse crever; ficelez vos andouilles comme une carotte de tabac, et suspendez-les à la cheminée pour les faire fumer. Cette préparation permet de les garder quelque tems.

Quand on les fait cuire, on ajoute un bon morceau de panne au bouillon pour les nourrir, la fumée les ayant un peu desséchées.

Andouillettes de Troyes.

Faire cuire une fraise de veau ou de porc, à la braise, ajoutez-y une tétine de veau, laissez égoutter et coupez en filets; hachez ensuite des champignons, du persil, des échalottes, coupez des truffes en morceaux alongés, passez le tout au beurre et mouillez avec du vin blanc, auquel vous ajouterez un peu de jus ou de fond de cuisson : assaisonnez de sel, poivre fin, muscade râpée, clous de girofle; faites réduire environ à moitié; ajoutez alors la fraise et la tétine, et une demi-douzaine de jaunes d'œufs, afin de lier le tout ensemble; remuez sans discontinuer ce mélange, qui doit chauffer sans bouillir; remplissez-en ensuite des boyaux bien nettoyés, et qui auront trempé cinq ou six heures dans de l'eau légèrement vinaigrée, pour leur ôter toute mauvaise odeur; liez les deux bouts sans trop remplir, et donnez une forme carrée. Ces andouillettes doivent être cuites dans du vin blanc et du bouillon, à un feu doux : elles ne se gardent que trois ou quatre jours, et sont un manger très délicat. On les mange grillées comme les autres andouilles.

Clarification et forme de la gelée.

Toutes les préparations de la charcuterie donnent de la gelée; le charcutier en tire le plus grand parti pour décorer et varier les objets qu'il vend. Voici comment il doit procéder : quand la cuisson de quelque pièce de charcuterie est réduite, il la dégraisse, la passe dans un tamis et la replace sur le feu pour la faire éclaircir; il y parvient en y mettant un citron pelé (plus ou moins, selon la quantité), et des blancs d'œufs avec les coquilles brisées : quand elle est claire et qu'elle a du corps, il la passe au travers d'une serviette, et la verse dans des moules de diverses formes et grandeurs.

Pieds de cochon à la Sainte-Menehould.

Fendez en deux des pieds de cochon, entortillez-les avec un large ruban de fil, de manière qu'en cuisant ils ne puissent pas se défaire; mettez-les dans une casserole avec un assaisonnement de carottes, ognons, bouquet de persil et ciboules, laurier, thym, clous de girofle, peu de saumure, de l'eau ou du bouillon et du vin blanc. Pour économiser et rendre les pieds meilleurs, le charcutier pourra aussi les faire cuire dans le reste des braises des oreilles, des hures ou des jambons, il fera mijoter pendant vingt-quatre heures, il laissera refroidir, il ôtera ensuite l'enveloppe, il trempera les pieds dans du beurre tiède, et les roulera dans une belle chapelure blonde, puis les posera tout droits dans un large plat, au nombre de quatre ou six, et tournera les onglons vers le bas du plat. L'usage le plus ordinaire est toutefois de les poser carrément les uns sur les autres, comme les saucisses longues.

Beaucoup de charcutiers se dispensent de fendre les pieds de cochon, surtout quand ils ne sont pas très gros.

Pieds de cochon farcis aux truffes.

Préparez vos moitiés de pieds et faites-les cuire dans le même assaisonnement que ceux dits à la Sainte-Menehould, laissez-les mijoter pendant huit heures, retirez-les de la cuisson; lorsqu'ils seront à moitié froids, débarrassez-les de leur enveloppe, ôtez-en les os, et après cette opération faites bouillir dans du bouillon une tétine de veau hachée avec de la mie de pain; faites réduire cette sauce, ajoutez des blancs de volaille, ou, à leur défaut, de la chair de veau, lapereau, faisan, etc., puis des truffes coupées en tranches, trois ou quatre jaunes d'œufs, un peu des quatre épices, du sel, du gros poivre, un peu de crême. La farce achevée vous la mettez dans vos pieds; enveloppez-en le bout avec de la toilette de cochon, de peur que rien ne s'échappe; dorez-les en les trempant dans le beure tiède, et roulez-les dans la chapelure ou mie de pain passée au tamis.

Pour les autres façons des pieds de cochon, voyez la *Charcuterie-cuisine*.

Langues de cochons fumées et fourrées.

Parez vos langues, ôtez-en le cornet ou les cartilages qui se trouvent à l'extrémité la plus grosse, faites-les blanchir à l'eau bouillante; enlevez la peau qui les recouvre, mettez-les ensuite dans un pot de grès sur un fond de sel, poivre, un peu de salpêtre et toutes sortes d'herbes aromatiques hachées; saupoudrez-les des mêmes ingrédiens; faites de même une seconde couche de langues jusqu'au haut du pot, de manière qu'elles soient pressées par le couvercle que vous mettez : d'autres personnes ne remplissent le pot qu'aux deux tiers, et le recouvrent avec un plateau de bois qu'elles chargent afin de forcer les langues de baigner continuellement dans la saumure. Laissez-les une semaine dans cette saumure ; retirez-les, égouttez-les, enveloppez-les de toilette de cochon, ou mieux encore, entrez-les dans de gros boyaux de cochon, de bœuf ou de veau, que vous lierez par les deux bouts. Pour que la langue ait bonne façon, il faut coudre ou lier un des bouts du boyau à l'envers; puis le retourner à l'endroit; on entre ensuite la langue dans cette espèce de bourse, dont l'extrémité environne le bout de la langue, sans qu'on aperçoive qu'elle est liée; suspendez ensuite les langues à la cheminée pendant quinze ou vingt jours: vous pouvez aussi les fumer rapidement en les exposant plusieurs fois à la fumée de branches de genièvre vert; cette méthode leur donnera un goût aromatique. Ces langues ainsi préparées peuvent se garder jusqu'à six mois: le charcutier pourra en étaler de cuites et de crues, les vendre entières ou en tranches, au poids: pour les avoir cuites il faut les mettre dans l'eau avec un peu de vin rouge, sel, poivre, girofle, bouquet de thym et de persil, ciboules, laurier, basilic et quelques ognons. Le charcutier peut et doit les parer de gelée disposée de plusieurs façons.

JAMBONS.

Jambon à la manière commune ou au naturel.

Enlevez légèrement le dessus de la chair d'un jambon, et ce qui pourrait être rance du lard qui le borde; ôtez l'os du cassis, et même celui du milieu, pour le pouvoir mieux dessaler; supprimez le bout du jarret, et mettez le jambon tremper dans l'eau tiède pendant un, deux ou trois jours, selon sa grosseur. Lorsque vous le jugez assez dessalé, vous le placez dans un linge blanc que vous nouez de manière qu'aucune partie du jambon ne soit à nu; cela fait, vous le mettez dans une marmite avec parties égales d'eau et de vin, des ognons, des carottes, persil, laurier, thym, basilic, ail; vous le faites cuire à petit feu pendant cinq ou six heures pour qu'il soit très bon : il est important que ce liquide ne soit jamais en ébullition. Vous appréciez la cuisson en enfonçant dans le jambon la pointe d'une lardoire, ou même un tuyau de paille, qui doit, pour que le jambon soit parfaitement cuit, pénétrer jusqu'au fond. La cuisson achevée, vous le retirez, vous le dénouez; vous ôtez l'os du milieu, vous renouez le linge en serrant bien les nœuds pour donner une belle forme au jambon, et le placez sur une passoire; vous le laissez ainsi refroidir et égoutter jusqu'au lendemain; vous le parez bien, vous soulevez la couenne, et vous le couvrez d'une fine chapelure de pain, seule ou mélangée avec des fines herbes hachées et un peu de poivre; vous servez ensuite sur un plat, avec une serviette repliée dessous, et une papillotte au bout du manche. Cette papillotte, bien touffue et joliment découpée, contribue à l'ornement de l'étalage du charcutier; mais il vaut mieux encore la remplacer par un manche de gigot, en argent.

Voulez-vous donner encore un goût plus savoureux au jambon quand il est cuit, versez un demi-setier de forte eau-de-vie dans le bouillon, et remettez encore un quart-d'heure sur le feu : ce bouillon ne doit pas être perdu. Après que le jambon a été retiré, mettez dedans une tête de veau, des têtes de mouton, qui se trouveront très bonnes sans autre accommodement. Si vous préférez faire cuire dans ce bouillon une poitrine de mouton, avec une purée de pois, haricots ou fèves de marais, vous êtes assuré d'avoir un excellent potage au pain ou au riz; ce bouillon peut encore servir à faire cuire des légumes, tels que choux, navets, pommes de terre, auxquels il donnera beaucoup de saveur.

Jambon à la broche.

Parez et désossez votre jambon comme il a été dit précédemment, arrondissez-le bien, faites-le dessaler long-tems; mettez-le dans une terrine avec ognons et carottes coupées en larges rondelles, branches de persil, feuilles de laurier; mouillez le tout avec du vin blanc ordinaire, ou, si vous ne craignez pas la dépense, avec une bouteille et demie de vin de Malaga, Champagne, Madère sec ou Xérès; laissez mariner au moins pendant vingt-quatre heures dans la terrine, bien fermée avec un linge sous son couvercle. Retirez ensuite le jambon, mettez-le à la broche, arrosez-le avec sa marinade; quand il sera presque cuit vous le débrocherez, vous en supprimerez la couenne, vous le panerez de mie de pain ou chapelure; vous pouvez aussi le glacer et le recouvrir de gelée ciselée à compartimens (1).

(1) On sert ce jambon avec le jus incorporé dans

Le jambon se mange, comme chacun sait, au naturel par tranches. Il forme ainsi la base des déjeûnés à la fourchette, des pièces froides pour relevés de potage, ou pour repas de soirées et de bals. Il se met en tranches extrêmement minces entre deux autres tranches de pain tendre, et en cet état accompagne le thé sous le nom de *Sandwich*. Mais l'on parle encore d'autres manières de servir le jambon déjà cuit. On le coupe, dit-on, par tranches minces, et on le fait cuire au beurre dans la poêle, ou sur le gril, puis on le sert entouré de persil, ce qui est excellent à ce qu'on assure. J'ai dû faire mention de cette méthode, quoique ne la connaissant pas.

Jambon de devant.

Il se prépare comme celui de derrière, seulement on enlève rarement la couenne, on ne tourne point de papillotte au manche, et on le recouvre d'une chapelure bien épaisse. Les

---

une espagnole réduite, ou seulement avec la marinade réduite également, ou avec des épinards au gras : toute autre sauce ou tout autre ragoût peuvent aussi l'accompagner.

charcutiers en mettent plusieurs dans le même plat, les manches tournés en haut et rapprochés les uns des autres.

Jambon de Bayonne.

Voici le moyen d'obtenir des jambons semblables aux jambons justement renommés de Bayonne, qui doivent surtout leur réputation à la manière dont on les prépare.

Lavez et pelez un bon jambon, attachez avec une ficelle le manche à la noix, puis mettez-le en presse pendant vingt-quatre heures entre deux planches chargées de quelque chose de lourd; retirez-le, pilez autant d'onces de sel et de salpêtre qu'il pèse de livres, et assaisonnez-en votre jambon; faites bouillir une saumure de vin, d'eau, beaucoup de sel, thym, sauge, laurier, genièvre, basilic, poivre, anis et coriandre; tirez cette saumure à clair et laissez-la refroidir; placez ensuite le jambon sur une planche inclinée, une terrine dessous pour recevoir ce qui en dégouttera; humectez chaque jour votre jambon de cette saumure avec un linge ou une grosse éponge bien propre: quand, au bout de quinze jours, il en est bien imprégné, essuyez-le, et couvrez-le de lie de vin : lorsque cette lie est sèche, exposez-le sous la cheminée à une fumée de genièvre, trois ou quatre fois par jour, l'espace d'une heure, pendant une semaine ; le jambon étant sec et bien parfumé, mettez-le dans de la cendre très sèche, pour le conserver.

Au lieu de placer le jambon sur une table pour l'imbiber de saumure, on peut le mettre dans un saloir, et verser la saumure dessus jusqu'à ce qu'il en soit entièrement baigné ; on le laisse ainsi pendant trois semaines au plus, quinze jours au moins : cette manière, plus expéditive, convient surtout quand on veut arranger plusieurs jambons à la façon de Bayonne ; on le retire, on le fait sécher et on joint des plantes aromatiques au genièvre que l'on fait brûler pour les parfumer ; on met alors de la lie de vin, on enveloppe le jambon de papier, et on le conserve sous la cendre comme il a été dit précédemment.

Jambon de Mayence.

Première recette. — **Plongez les jambons**

dans de l'eau de puits pendant un jour ou deux, laissez-les égoutter ensuite pour les mettre dans un saloir; versez dessus la saumure suivante, dans laquelle vous les ferez séjourner pendant environ trois semaines; ce tems écoulé, vous les retirerez pour achever comme les précédens.

La saumure des jambons de Mayence se fait en mettant bouillir deux livres de sel dans une quantité d'eau suffisante, quatre onces de salpêtre, huit onces de cassonade, et quatre gros de calamus aromatique, que l'on enveloppe dans un linge.

Autre recette pour préparer les jambons de Mayence.

(Voyez *Nouvelle manière de saler le porc*, page 148.)

Moyen d'attendrir les jambons.

Lorsqu'on a des jambons très durs, et que le tems manque pour les faire mortifier, après les avoir dessalés, il faut les envelopper d'un linge ou d'une étamine, et les enterrer pendant l'espace de deux heures : la terre doit les recouvrir entièrement. On les met cuire après cela, et ils sont parfaitement tendres. (Voyez *Manuel d'économie domestique* faisant partie de *l'Encyclopédie Roret.*)

Petit salé.

Pour le faire bon, on prend le filet et la poitrine de cochon, on met une couche de sel dans un pot de grès, on pose sur cette couche la chair coupée par morceaux plus ou moins gros; on recouvre d'une nouvelle couche de sel, puis on dispose une autre couche avec des morceaux de porc, ainsi successivement jusqu'à ce que toute la chair à saler soit employée; recouvrez le tout d'une couche de sel, et mettez par-dessus un linge, un plateau de bois, et quelque chose de lourd. On peut faire cuire ce petit salé au bout de six, sept ou huit jours.

Les charcutiers le font cuire à l'eau simple et le vendent tout chaud, au naturel. Ils battent les côtes, les préparent de même, et les débitent sous le nom de *plates côtes*. C'est une des choses qui trouvent le plus d'acheteurs.

(*Voyez*, au chapitre précédent, *les différentes façons de conserver la viande.*)

Lard.

Enlevez toute la chair qui peut recouvrir le lard, frottez et imbibez toute sa surface avec du sel bien fin (une livre pour dix livres de lard), ajoutez au sel cinq onces de salpêtre par livre (*Voyez au chapitre précédent*). Après avoir frotté votre lard de sel partout, vous le mettez à la cave, tranche sur tranche, chair contre chair, et l'arrangez entre deux planches pour le charger de quelque objet très lourd, afin qu'il soit plus ferme. Au bout d'un mois, vous le suspendez au grand air, dans un endroit frais, pour le dessécher entièrement. (*Voyez* ibid. *Salaison du porc.*)

Sain-doux.

Épluchez la panne en enlevant toutes les peaux et membranes; coupez-la en petits morceaux, et la mettez dans un chaudron avec un bon demi-setier d'eau pour la panne d'un seul cochon. Ajoutez un ognon ordinaire, et deux ou trois autres petits ognons blancs piqués de clous de girofle, ou un paquet d'œillets *girofles* que l'on retire quand la graisse est fondue; faites fondre à petit feu, jusqu'à ce que les *grignons*, ou *crêtons*, qui ne se fondent pas, commencent à prendre couleur, ou que de blanche et laiteuse qu'elle était d'abord, elle devienne complètement claire et transparente, et qu'en en jetant quelques gouttes dans le feu, elle ne pétille plus. C'est à ces signes que l'on reconnaît que la graisse fondue ne contient plus d'humidité. Retirez alors le chaudron du feu, et laissez-le refroidir à moitié, puis vous versez le sain-doux (la panne fondue s'appelle ainsi) dans des pots de grès ou de terre pour le faire entièrement refroidir. Vous le couvrirez le lendemain; si vous voulez que votre sain-doux soit bien pur, vous le passerez au tamis. On fait ensuite refondre les portions de graisse qui ne sont pas liquéfiées à la première opération, en y ajoutant un peu de panne, et lorsque cette nouvelle graisse est fondue comme la précédente et qu'elle est bien claire, on la passe de même au tamis, ou on la coule à travers un linge neuf et bien serré, sans l'exprimer.

Les charcutiers en ont toujours dans des vases ouverts; ils le vendent à la livre. Il n'y a d'autre précaution à prendre pour la conservation de cette substance économique, que de la mettre au frais, pendant l'été, parce que la chaleur la fait fondre.

Le charcutier en débite ordinairement beaucoup, car la graisse de sain-doux remplace le beurre et l'huile dans une infinité de préparations. Cette graisse peut s'employer pour toutes les sauces rousses, nourrir les braises et ragoûts de viande, faire cuire les omelettes, les fritures, pour lesquelles on la choisit dans les meilleures maisons. Sa légèreté, sa limpidité la font préférer à l'huile et au beurre fondu pour frire les beignets, les légumes, tels que salsifis, artichauts, pommes de terre; les pâtes telles que crêpes, rissoles, etc.

Elle est moins délicate dans l'accommodement des ragoûts de légumes, comme haricots, pommes de terre, lentilles, où on l'emploie ordinairement, mais elle est fort économique. On en peut faire des soupes aux carottes, ognons, navets, pour ouvriers et domestiques. Dans la cuisine distinguée, on la dispose en socles ciselés sous les grosses pièces.

Gâteau ou pain de foie ou de chair de cochon.

On prend le foie ou de la chair fraîche de porc, on les hache bien fin et on les pile fortement, ce qui évite de les passer au tamis ; on a un morceau de jambon cuit que l'on hache et que l'on pile, ainsi que le foie de porc. Toutes ces chairs étant remuées, on met à peu près la moitié de lard râpé que l'on hache et que l'on pile le plus possible ; on mêle la chair et le lard, et en les pilant on y ajoute environ six œufs entiers ; on assaisonne de sel et d'épices ; on met du sang de porc ou de volaille, un demi-verre à peu près, puis un petit verre de bonne eau-de-vie : le tout mêlé, on a un moule ou une casserolle que l'on garnit intérieurement de bardes de lard très minces ; on y ajoute deux doigts d'épaisseur de farce, puis on met des lardons de distance en distance, et dans l'intervalle des morceaux de truffes et de petits cornichons, on recouvre de farce et on continue à mettre des lardons, des cornichons et des truffes, jusqu'à ce que le moule soit rempli; on le couvre de lard, on le met cuire au four pendant environ trois heures : à moitié froid on le renverse, on le dégage des bardes, on le pare proprement, et on peut le servir sur un socle de mie de pain décoré de saindoux.

Foie de cochon piqué.

Les charcutiers piquent quelquefois le foie de cochon de gros lardons, le font cuire dans une braise, et le couvrent ensuite de gelée. Le foie, d'un beau rouge foncé, avec ces lardons bien blancs et cette gelée d'un jaune doré, fait un bel effet; mais ce mets est peu goûté.

Fromage d'Italie.

Pilez et broyez un foie de cochon avec deux tiers de lard et un tiers de panne, mêlez bien le tout en l'assaisonnant de poivre, sel, épices, thym, sauge, laurier, basilic, persil haché, coriandre et anis pilés, muscade râpée; couvrez les bords et le fond d'un moule de fer-blanc, de l'épiploon (crépine); mettez le fromage au milieu, recouvrez-le d'autres bardes de lard et faites cuire au four; quand il est cuit, laissez-le refroidir dans le moule et retirez-le en le trempant dans l'eau bouillante.

Le fromage se trouve tout environné d'une graisse excellente; les charcutiers de Paris la cisèlent à petits carreaux avec le bout d'un couteau pointu, une lardoire ou tout autre instrument; ils vendent ce mets un franc la livre. Les estomacs délicats doivent le fuir comme un poison.

Fromage de cochon.

Après avoir entièrement désossé une tête de cochon, coupez toute la chair qu'elle contient en filets plus ou moins longs et gros, séparez le gras du maigre, coupez et séparez de même les oreilles; mêlez le tout avec du laurier, du thym, du basilic, de la sauge et du persil hachés très fin (la sauge en très petite quantité), des épices, du sel, du poivre; de la muscade râpée, le zeste et le jus d'un citron ; étendez la peau de la tête dans un saladier, cousez les trous des oreilles, puis arrangez par-dessus les filets en entremêlant le gras et le maigre, les tendons des oreilles, un peu de panne, de la langue à l'écarlate, des truffes coupées en filets ; enveloppez le tout de la peau, cousez-la serré ; faites cuire ce fromage dans une marmite ronde ou longue, avec de l'eau, à laquelle vous ajoutez du thym, du laurier, un bouquet de persil, de la sauge, du basilic, des clous de girofle, du sel, du poivre et une bouteille de vin : au bout de sept à huit heures, sortez le fromage de la marmite, et quand il est encore tiède, mettez-le dans un moule de fer-blanc ou d'étain, d'une forme analogue à celle de la marmite ; couvrez-le ensuite de sa gelée clarifiée avec des blancs d'œufs.

Les charcutiers parisiens confectionnent ordinairement une variété de ce fromage à moins de frais ; ils se dispensent de mettre des filets de la langue, accommodée à l'écarlate ou autrement, ainsi que les truffes et le vin ; au lieu de gelée clarifiée, ils couvrent ce fromage de sain-doux uni ou ciselé; ils lui donnent ordinairement une forme ronde ou carrée; ils le donnent presque au même prix que le fromage précédent, quoiqu'il soit beaucoup meilleur. Ce mets se digère assez facilement quand on en mange peu; c'est un excellent plat de déjeûner à la fourchette : il sert aussi à l'arrangement des *assiettes garnies*, dont nous parlerons plus tard.

Hure de cochon.

Désossez la tête avec le plus grand soin, dépouillez la langue et coupez-la en filets, joignez-y des morceaux de chair maigre et du lard bien gras, faites mariner le tout pendant quelques jours dans un mélange de parties égales de vinaigre et d'eau, assaisonnez d'ognons coupés par tranches, persil, ail, laurier, muscade, clous de girofle, sel et poivre; faites ensuite une farce qui vous servira à remplir le fond de la hure, en mêlant des morceaux de langue et de chair marinées, et en y ajoutant des truffes coupées; recousez la tête en lui donnant autant que possible sa première forme; enveloppez-la d'un linge blanc, mettez-la dans une braisière avec ses os brisés; le thym, la coriandre, le laurier, la sauge, le persil, le clou de girofle, lo sel, le poivre, en quantité convenable, doivent être mis dans la braisière, que l'on remplit d'une bouteille de vin blanc et d'eau, de manière à ce que la hure baigne entièrement ; on fait cuire à petit feu: au bout d'environ huit heures, on pique avec une lardoire pour savoir si elle est assez cuite ; on retire la braisière du feu ; on sort la hure : quand elle est attiédie, on la presse fortement pour extraire le liquide; on la laisse entièrement refroidir, pour la développer et la couvrir dans toute sa surface de gelée ou de chapelure.

Oreilles de cochon marinées.

Vous laverez et ratisserez bien des oreilles de cochon, vous les assaisonnerez de sel, de poivre en grains, d'aromates pilés, de quatre épices, de persil et de ciboule hachés; vous les mettez dans un vase rempli de parties égales d'eau, de vin blanc et de vinaigre: au bout d'une huitaine de jours vous les faites égoutter et les faites cuire dans une braisière avec des couennes, des os de hure ou d'échine, que les charcutiers ont toujours en abondance ; plusieurs feuilles de laurier, un fort bouquet de thym, persil, ciboules, quelques clous de girofle, une forte poignée de sel, quelques morceaux de jambon ou débris de cochonnaille ; vous mouillerez avec de l'eau, vous les ferez mijoter six à huit heures à petit feu ; vous les sonderez avec la pointe d'une lardoire ou même une paille un peu forte et pointue; si la lardoire ou la paille pénètre aisément, vous retirerez la marmite du feu; vous laisserez encore pendant près de deux heures les oreilles dans leur assaisonnement; vous les sortirez délicatement ensuite, en les prenant par-dessous avec une écumoire, afin de ne les pas casser ou froisser ; vous les placerez sur un linge blanc, suspendu par les quatre coins ou tendu au-dessus d'un plat creux ; vous les laisserez refroidir et s'égoutter, ensuite vous les couvrirez d'une épaisse chapelure de pain, et vous les disposerez deux à deux ou quatre à quatre dans les plats que vous voulez mettre en étalage; la partie où les oreilles tenaient à la tête est celle qui doit poser sur le plat : il faut qu'elles soient arrangées avec grâce, et qu'elles se relèvent bien.

Le charcutier aura des oreilles marinées et non marinées ; il l'annoncera par un écriteau métallique, comme il le fait pour étiqueter ses autres préparations.

Oreilles de cochon glacées aux truffes.

La variété est aussi indispensable à la charcuterie que la propreté, la grâce et les bons assaisonnemens. Le charcutier ne se contentera pas d'étaler seulement des oreilles comme les précédentes ; on en trouve partout, et du reste l'acheteur, ennuyé de manger toujours la même chose, y renoncera ou fera accommoder chez lui, s'il en a la facilité ; dans le cas contraire, il choisira un autre objet chez le pâtissier ou le traiteur. Le charcutier sait combien il lui importe de ne pas le forcer de choisir ailleurs ; en conséquence il aura des oreilles de cochon de plusieurs sortes ; je n'en indiquerai toutefois qu'une ici, renvoyant les autres à la partie de la *Charcuterie-cuisine*, par laquelle je terminerai cet ouvrage.

Prenez une certaine quantité d'oreilles de cochon, faites-en cuire à la fois le plus que vous pourrez, parce que cela est beaucoup plus économique ; flambez-les, nettoyez-en l'intérieur, ratissez-les avec un couteau, lavez-les à plusieurs eaux, faites-les blanchir et cuire ensuite dans une braise avec bouillon, un jarret de veau, lard, ognons, panais, carottes, clous de girofle, laurier, bouquet de thym, ciboule et persil ; après le tems nécessaire pour la cuisson, sortez-les, mettez-les égoutter sur un linge blanc, remettez le fond de la cuisson sur le feu, clarifiez-le pour en faire une belle gelée, dont vous ferez un socle sur une base de sain-doux ; glacez vos oreilles, mettez-les droites sur ce socle, et environnez-les de belles truffes entières ; enfoncez aussi des truffes dans l'intérieur de l'oreille.

Veau piqué.

Levez votre noix de veau bien entière, mettez-la dans un linge blanc, battez-la avec un couperet, puis piquez-la profondément de tous côtés avec de gros lard, dont vous aurez assaisonné les lardons avec du sel fin, du poivre, des quatre épices, du persil, de la ciboule hachés très fin, un peu de thym, de basilic et de laurier aussi hachés, dans lesquels vous roulez bien vos lardons. Quoique votre veau soit piqué très près, vous y enfoncerez de place en place, des morceaux de panne assaisonnés comme les lardons, et des filets de jambon cru. Quand la noix est bien couverte et bien traversée de lardons, vous songerez à la faire cuire. Vous aurez soin de la conserver couverte de sa tétine, en procédant de manière que les lardons ne percent pas le dessus. Vous assujettirez la peau du dessus avec une aiguille à brider et de la ficelle, afin que les peaux qui recouvrent la noix ne rebroussent pas, et qu'étant cuite elle se trouve convenablement couverte. Vous beurrerez le fond de votre casserole, vous la foncerez de tranches de veau et de porc, de bardes de lard, de quatre ou cinq grosses carottes rouges, autant d'ognons, deux feuilles de laurier; mettez la noix dans cette casserole, et remettez dessus le même assaisonnement que dessous. Terminez par couvrir d'un rond de papier beurré, mouillez avec du consommé, et sur la fin de la cuisson, versez un demi-verre de bon vin blanc. La noix doit d'abord subir une assez forte ébullition, puis, sitôt après, être mise sur un feu doux pendant deux heures; mettez aussi un peu de feu sur le couvercle de votre casserole. Au moment de l'étaler, vous égouttez votre noix, vous la débridez, vous faites réduire le fond de la cuisson sur un feu vif, vous y remettez quelques instans le veau pour lui faire prendre couleur, puis vous le couvrez de gelée, moulée ou non. Le charcutier vend ce veau ainsi préparé à la livre, ordinairement 1 fr. 80 centimes; il le fait entrer dans la composition des assiettes garnies pour déjeûners à la fourchette : il agira prudemment de préparer du veau piqué avec plus de soin encore, sauf à le vendre un peu plus cher; car il doit être assorti pour tous les goûts.

Veau farci aux truffes.

Vous aurez une belle noix de veau tout entière; vous la battrez comme la précédente, vous leverez les peaux et la tétine qui la couvrent, vous coucherez le beau côté de votre viande sur la table, et avec un couteau bien aiguisé vous le glisserez entre le dessus nerveux et la chair, comme si vous vouliez lever une barde, ensuite vous retirerez à demi le couteau, le souleverez pour faire former une ouverture entre les chairs, et vous y enfoncerez, aussi profondément que possible, des lardons assaisonnés comme les précédens, et des truffes coupées en lames épaisses; vous répéterez l'ouverture entre les chairs, un peu au-dessous, et vous enfoncerez dedans des lardons roulés dans des truffes hachées, et des filets de jambon, de la chair à saucisses. Vous continuerez ainsi jusqu'à ce que la noix de veau soit toute piquée de cette manière, alors vous la recouvrirez de la tétine, comme je l'ai expliqué précédemment; vous la mettrez ensuite dans une braisière pareille à celle dans laquelle vous avez fait cuire le veau piqué, seulement vous aurez soin de poser la noix dans la casserole, de manière à ce qu'elle bombe dans le milieu, et vous lui donnerez une forme analogue à celle du dindon farci. Quand elle aura jeté quelques bouillons vous la mettrez sur un feu, avec du feu sur le couvercle; vous la sortirez, la glacerez, la frotterez un peu d'huile et la placerez sur un socle de sain-doux, dont vous environnerez la base de gelée; vous couperez des truffes en deux, vous les arrondirez bien d'un côté, et vous les poserez à plat en cordon sur le bord du socle et de la gelée; c'est une préparation de charcuterie extrêmement distinguée.

Dindon farci ou en galantine, aux truffes.

Ce mets est du ressort des charcutiers parisiens, qui le vendent à la livre, 2 fr. 20 centimes, mais sans truffes et sans pistaches, car autrement cela est d'un prix plus élevé. Voici la manière de le préparer, d'après les meilleurs cuisiniers et charcutiers.

Ayez un gros dindon, désossez-le, en commençant par le dos, en prenant garde d'en déchirer la peau : ôtez les nerfs des cuisses; levez les chairs de ces parties, et celles de l'estomac; joignez-y un morceau de filet de porc frais, de rouelle de veau, de lard gras, autant qu'il y a de chair de dindon. Assaisonnez-le de sel, d'épices et d'herbes sèches hachées menu. Pilez le tout dans un mortier; étendez la peau sur un linge fin, la chair en dessus; mettez-y une couche de votre farce, d'un pouce d'épaisseur, puis un rang des filets mignons que vous avez levés, puis un autre rang de tranches de jambon, ou un rang de lardons de langue de porc à l'écarlate, ou de truffes; un autre d'amandes, de pistaches mondées et de petits cornichons. Continuez ainsi successivement, jusqu'à ce que le dindon soit rempli; placez au-dessus le reste de la farce, roulez le dindon sur cette dernière couche de farce; rapprochez la peau avec une aiguille à brider: cela fait, cousez-la de manière que toute la farce y soit contenue, ne puisse s'échapper, et que la volaille prenne une forme un peu alongée. Après cela vous la couvrez de bardes de lard, d'un peu de sel; vous l'enveloppez dans une serviette dont vous liez les deux bouts, et la ficelez par dessus la serviette, afin qu'elle conserve la forme que vous lui donnez. Vous la faites cuire ensuite dans une casserole ou dans une marmite, comme une daube, et la servez avec le fond de cuisson passé au tamis et réduit en gelée.

Plusieurs charcutiers, suivant le procédé d'Albert, concassent la carcasse du dindon et la font bouillir dans une casserole avec deux ou trois cuillerées à pot de bouillon; ils passent ensuite le jus au tamis, et s'en servent avec un verre de vin blanc pour mouiller leur galantine. Ils font cuire la volaille à petit feu pendant quatre heures.

D'autres, préférant la manière d'Archambault, entourent et couvrent la galantine de gelée; ils la mettent sur un socle de sain-doux ciselé, et entouré de petites bornes ou écailes de gelée.

Dindon farci selon Beauvilliers.

La volaille doit être désossée, puis étendue sur une serviette, comme il a été dit précédemment; couvrez ensuite cette peau d'une farce cuite de volaille; posez sur cette farce de gros lardons de lard assaisonnés de sel, épices, poivre, aromates en poudre, persil et ciboule hachés; des lardons de jambon cuit, des tranches de la chair du dindon (si elle ne leur suffit pas pour remplir la peau du dindon, vous y ajouterez des blancs de dindon rôti); remettez ensuite la farce, les lardons, les tranches de volaille, jusqu'à ce que vous soyez parvenu à la fin. Conservez autant que possible la forme du dinde en recousant la peau; couvrez-la de bardes de lard, et l'enveloppez d'une étamine neuve, que vous cousez, et dont vous liez les deux bouts avec une ficelle. Cela terminé, posez du côté du dos votre volaille ainsi ajustée, dans une braisière, foncée de deux ou trois lames de jambon, d'un jarret de veau, de la carcasse du dindon cassée en morceaux, de carottes, ognons, clous de girofle et feuilles de laurier. Couvrez le tout de bardes de lard; mouillez avec du bouillon, de manière que le dindon baigne dans son assaisonnement; mettez du papier beurré sous le couvercle de la marmite, et faites cuire à petit feu dessus et dessous pendant trois heures environ. La cuisson achevée, retirez la volaille du feu; laissez-la une demi-heure refroidir dans son bouillon; retirez-la; enlevez l'étamine, les bardes de lard qui la couvrent; frottez-la légèrement de panne, d'huile ou de lard bien gras, afin de la rendre brillante; dressez-la dans un plat, sur un lit de gelée.

Bœuf glacé.

Les charcutiers parisiens débitent aussi du

bœuf glacé : voici la manière dont ils le préparent.

Ils prennent un bon filet de bœuf, ils le dégraissent, le parent ; quelques-uns laissent de la graisse épaisse de trois doigts tout le long du filet : ils le lardent de gros filets de lard, assaisonnés ou non ; lui donnent une forme ronde et bombée, et le mettent dans une casserole ou marmite ronde, avec des débris de viandes, jarret de veau, tranches de jambon, un pied de cochon, bouquet garni, ognons, carottes, sel, un peu des quatre épices : ils mouillent avec du bouillon, et le reste de la braise après la cuisson des hures ou jambons. Cette addition donne un excellent goût au bœuf, et commande d'assaisonner légèrement. La cuisson achevée en quelques heures, on met le filet dans une terrine ; on passe le mouillement dessus, et on attend au lendemain. Si la gelée est formée, et qu'elle soit trop forte, on ajoute un peu de bouillon ; dans le cas contraire on fait réduire, on clarifie la gelée ; on pare bien le filet, on le met dans un plat rond, et on le couvre de cette gelée, que l'on dispose de plusieurs façons. Quelques charcutiers la coupent en bandes larges d'un pouce ou d'un demi-pouce, et placent ces bandes en carreaux sur le filet; d'autres mettent sur le sommet arrondi de ce filet une bande de gelée compacte assez large pour le recouvrir, et disposent sur cette bande de petits tas de gelée légèrement battue.

CHAPITRE VI.

INTÉRIEUR DE LA BOUTIQUE DU CHARCUTIER. — MANIÈRE DE DISPOSER PROPREMENT ET AGRÉABLEMENT LES DIVERSES PARTIES DU COCHON, ET LES AUTRES OBJETS QUE VEND LE CHARCUTIER.

La manière dont le charcutier doit étaler n'est point du tout indifférente; c'est l'ordre, la symétrie des divers objets, qui font paraître le magasin bien assorti. Si la bonté, la variété des assaisonnemens, l'exactitude des poids rappellent les pratiques, c'est la propreté, l'agrément de l'étalage, qui, presque toujours, les ont attirées. Les charcutiers de Paris ne l'ignorent point; aussi mettent-ils tous leurs soins à disposer élégamment leurs marchandises, et c'est à cela qu'ils doivent en partie leur réputation. On ne saurait trop les louer de rendre véritablement agréables à l'œil les produits d'un commerce dont les manipulations sont bien souvent dégoûtantes; on ne saurait également trop s'efforcer de les imiter : en voici le sûr et facile moyen.

La boutique du charcutier doit être un peu grande et bien aérée, pour que l'air circule librement entre les viandes dont elle est remplie; il faut qu'elle soit carrelée avec des dalles de pierre bien lisse, afin que l'on puisse laver fréquemment les taches de graisse qui tombent sur le plancher. Au plafond, et tout autour des murailles, des crochets de fer sont disposés ; ils sont destinés à suspendre des vessies séchées, des cervelas, des quartiers de cochon frais, où la chair se trouve encore sur le lard.

Il est bon de tendre le fond de la boutique d'un linge blanc, suspendu à de petits crochets de fer par des boucles de ruban de fil, placées de distance en distance; au-dessous de ce linge est une table grossière assez semblable à l'étal des bouchers : c'est là que sont déposés les couperets, les coutelas, les tranchelards (couteaux larges et minces) c'est là aussi que le charcutier coupe, pèse, débite les morceaux de chair crue. Au dessus de cette espèce d'étal, et sur le linge blanc, les moitiés de cochon sont particulièrement accrochées: la porte d'entrée se trouve en face (1), à droite de cette porte est le comptoir : au bout du comptoir le plus rapproché de la porte, est la *montre*, espèce d'enfoncement vitré, avançant sur la rue, et semblable à une armoire vitrée sans portes ni rayons (nous reparlerons bientôt de cette partie essentielle), et à l'autre bout du comptoir, est une suite de rayons, un peu moins larges que la table du comptoir sur laquelle pose le premier, et réprésentant assez bien une bibliothèque portative : les rayons, ordinairement au nombre de trois ou quatre, sont revêtus de papier blanc, dont le bord, découpé en dents de feston, retombe en draperie ; des plats, ou assiettes chargées de saucisses, bou-

(1) On sent que les localités peuvent varier cet arrangement ; mais le comptoir et la montre sont toujours tels que nous le décrivons.

dins, et autres objets de charcuterie, garnissent ces rayons ; le comptoir qui est toujours fort alongé, en supporte aussi un certain nombre. Du côté de la montre, le comptoir est garni de plusieurs barreaux arrondis, en cuivre jaune, que le charcutier doit avoir soin de maintenir bien luisant (1). La montre, que rien ne sépare du comptoir, dont elle est le prolongement, est dallée en marbre, et les barreaux de cuivre l'entourent un peu à gauche. A la partie du plafond qui se trouve immédiatement au-dessus, des gros crochets de fer sont placés ; au-dessous de ces crochets, à un pied environ, une traverse de bois va transversalement d'un bout à l'autre du comptoir, et supporte encore des crochets : voici maintenant la manière dont le charcutier dispose son étalage.

Étalage. — Il commence d'abord par sus-

---

(1) Un excellent moyen de nettoyer le cuivre jaune, et de lui conserver ou rendre le brillant qu'il a étant neuf, c'est de le frotter fortement avec un morceau de charbon neuf, non de braise, parce qu'elle se réduirait en poussière. J'ai l'expérience de la bonté de ce nettoyage.

pendre aux crochets supérieurs, des boudins, qu'il dispose en festons d'un crochet à l'autre, en ayant soin d'accrocher au fer la partie du boudin qui se trouve liée, et par conséquent interrompue; à chaque endroit où le boudin se relève, il fait pendre des crépines, ou fraîches ou séchées. A la seconde rangée de crochets, il dispose de la même manière d'autres boudins, mais sans y joindre de crépines, parce que le bout de celles du premier rang tombe sur celui-ci, et que d'autres se trouveraient confondues avec les objets posés sur le marbre de la montre; à droite et à gauche de ces draperies de nouvelle espèce, le charcutier fera bien de suspendre plusieurs vessies gonflantes et sèches, du milieu desquelles pendront de longs cervelas fumés: cela remplit bien les intervalles, et se marie convenablement. Quelques charcutiers suspendent des cervelas ou saucissons après des boyaux desséchés qui forment deux ou trois chaînons. La première disposition faite, le charcutier songe à garnir la tablette de marbre de la montre, et place les objets en commençant par la partie la plus enfoncée, et par suite la plus voisine du vitrage. Afin de les faire valoir mutuellement, il fait alterner les pièces longues et rondes; ainsi, il met longitudinalement une langue fourrée et une dinde farcie, il en forme une première rangée; à la seconde il place alternativement de longs cervelas, et des pièces arrondies de veau piqué, de bœuf glacé, des hures, des fromages d'Italie; entre ces objets plats, il intercale des plats à pied, qui supportent des saucisses de diverses façons.

Il y a plusieurs manières d'arranger les saucisses dans les plats; les saucisses longues se croisent carrément les unes sur les autres, bien également, de telle sorte qu'il se forme entre elles de petits carrés égaux. On en peut mettre ainsi jusqu'à la hauteur d'environ un pied. Les saucisses alongées, carrées et recouvertes de graisse, se disposent de même, à l'exception que le tas est au moins une fois moins élevé, et que les saucisses doivent avoir beaucoup d'intervalle entre elles, parce qu'elles n'ont pas autant de solidité que les saucisses rondes et longues, qui sont renfermées dans des boyaux; et même, il est bon de mettre entre chaque couche ou rangée de saucisses, une couche ou rangée de petits bâtons de même forme, qui leur serviront de support. Les grandes crépinettes, ou saucisses plates très larges, farcies au foie, couvrent seulement la surface d'un plat ordinaire ; cinq de ces saucisses suffisent ordinairement. Quant au petites crépinettes, on les range circulairement sur le bord du plat, de manière que le milieu reste vide. On procède ainsi : on commence par poser, près à près, une double rangée circulaire de crépinettes : après ce premier tour, on place une crépinette au milieu de ce tour, de telle sorte qu'elle pose à moitié sur l'un et sur l'autre rang : on laisse l'intervalle de même mesure que la saucisse, et l'on en remet une autre comme la première ; on continue ainsi jusqu'à la fin de ce second tour : au troisième on remet une rangée double ; au quatrième on renouvelle le tour avec des intervalles, et ainsi de suite, jusqu'à quelquefois plus d'un pied : cet arrangement contribue beaucoup à la grâce de la montre. On dispose aussi des petites saucisses rondes de cette manière, mais on a plus de peine à les aire tenir solidement. Ces buissons de saucisses doivent être placés aux coins de la montre.

Le charcutier remplit aussi des assiettes de bardes de lard cru, non salé, qui provient des porcs écorchés : ces bardes se roulent et se posent l'une sur l'autre.

La montre est assez communément une surface plane; d'autres fois elle a un rayon en se rapprochant du comptoir; ce rayon doit être recouvert de papier blanc, découpé ou non; il sert beaucoup à l'étalage, dont il favorise toutes les parties. C'est sur ce rayon que le charcutier met ordinairement les jambons panés avec une papillotte au bout du manche, les oreilles, les pieds de cochon, tantôt placés tout droits dans le plat, comme un faisceau, tantôt disposés carrément, comme je l'ai dit pour les saucisses rondes; les morceaux de boudin sont aussi arrangés carrément; mais, le plus souvent, ils sont mis en morceaux dans un coin de la montre; je ne conseille pas au charcutier d'adopter cette méthode-là; je ne lui conseille pas non plus d'imiter plusieurs de ses confrères, qui étalent des cervelles crues et des débris, crus aussi, des dindons qu'ils ont farcis : toutes ces choses sont dégoûtantes. En revanche, je lui recommanderai les embellissemens suivans, que l'on remarque chez les charcutiers les plus accrédités. On y voit de jolis vases de verre blanc bien clairs, surmontés d'un couvercle convexe à poignée, et remplis, soit de poivre en grains, de mignonnette, soit de petites truffes, ou même de feuilles de laurier, ou de clous de girofle ; outre cela ils ont de petits plats, recouverts de papier blanc découpé à dents, sur lesquels sont de grosses truffes, des cornichons ; des vases de fleurs, suivant la saison, ornent encore leur étalage, et en augmentent l'agrément. Enfin, comme moyen d'ordre, de parure ; ils implantent dans chacune de leurs préparations une petite broche de fer ou de bois, longue de deux ou trois pouces à peu près, et terminée par un morceau de tôle vernic rouge, taillé en forme de cœur ou de carré alongé ; cette plaque, bordée d'une petite vignette dorée, est l'étiquette de chaque cochonnaille, dont elle porte le nom en lettres d'or. Cela n'est, à la rigueur, bien nécessaire que pour indiquer les objets truffés, dont la qualité ne se distingue pas toujours à l'œil, et pour les grosses pièces non entamées, recouvertes de sain-doux ou de gelée, qui se ressemblent toutes dans ce cas, comme veau piqué, bœuf glacé, fromage d'Italie, hure, etc. : j'engage néanmoins le charcutier à étiqueter ainsi tous les objets de son commerce, même ceux qui sont les plus connus, comme jambons, saucisses, etc.; son magasin, grace à cela, aura un air de symétrie très joli et très distingué. S'il a des truffes de diverses espèces, ou préparations renfermées dans des pots, ou mises sur des corbeilles, il les étiquettera.

Il y a des montres qui sont toutes disposées en amphithéâtre, cela dépend des localités; le charcutier voit tout de suite quel parti on en peut tirer pour la belle disposition de l'étalage.

A l'endroit où la montre se réunit au comptoir, et par conséquent auprès de la charcutière, se trouvent différentes choses qu'elle doit toujours avoir sous la main. C'est 1° une assiette remplie de fines herbes hachées, qui lui servent à décorer les assiettes garnies. 2° Un plat de gelée ordinaire, pour le même objet. 3° Un vase rempli de graisse de sain-doux, avec une grande cuiller de bois dedans ; cette graisse est une des choses que l'on demande le plus souvent. 4° Une terrine pleine de chair à saucisses, que tant de personnes viennent acheter pour farcir des légumes, des viandes, des volailles ; pour faire des boulettes, des rissoles, et autres mets. 5° Une échinée de porc frais rôti, que l'on vend par tranches. Ces derniers objets se mettent aussi en arrière de la montre, parce qu'ils sont peu agréables à l'œil.

Il n'en est pas ainsi de la gelée que l'on met en moule, et qui, grâce à cet ingénieux et facile procédé, prend les formes les plus variées et les plus jolies. Tantôt le charcutier en fait de petites écailles d'huître dont il remplit une assiette ; il dispose sa gelée comme une petite tour posée sur un monticule, et l'entoure d'une rangée circulaire de petites bornes, comme celles que l'on voit environner les châteaux-forts ; tantôt il la taille en bandes, en ronds, en losanges, et s'en sert pour revêtir les pièces de veau piqué, de bœuf glacé, de dinde aux truffes, etc.

Assiettes garnies. — Parlons maintenant des assiettes garnies pour déjeûnés. Il y en a de deux espèces : les assiettes garnies simples et les assiettes garnies doubles ; la charcutière les disposera selon le goût et les facultés pécuniaires des consommateurs : pour les premières, elle étalera sur le fond de l'assiette apportée par l'acheteur, une tranche de jambon mêlée de gras et de maigre ; une tranche de veau piqué, une tranche de dinde farci : entre ces tranches, elle disposera des rondelles de cervelas cuits et une ou deux de cervelas crus ; elle garnira bien le tout de fines herbes, mais sans y former des dessins. Une assiette comme cela se vend de quinze à vingt-quatre sous.

Les assiettes garnies doubles sont beaucoup plus chères et plus distinguées ; la charcutière commence par mettre un lit de tranches de jambon, elle couvre ce lit de gelée, soit en large bande, soit à l'ordinaire ; sur ce lit de gelée, elle en place un de veau piqué et de cervelas; elle recommence à mettre de la gelée, et dispose un autre lit de dinde aux truffes, ou simplement farci, c'est selon le goût de l'acheteur, qu'au reste, elle fera bien de consulter à mesure qu'elle fera une nouvelle disposition. Le tout achevé, elle proposera un dessin quelconque, soit une croix de la légion d'honneur, soit une lettre de l'alphabet, soit une fleur, et dont elle posera la figure découpée sur l'assiette : elle en tracera bien exactement les contours avec de la gelée, et des fines herbes, dont elle se servira alternativement en manière de couleurs; elle peut aussi faire usage de truffes découpées, de cornichons; cela varie agréablement, et cette assiette devient un plat digne des meilleures tables. Pour achever de l'embellir, la charcutière peut encore environner l'assiette de petites figures de gelée en moule, des petites bornes par exemple. Quant au dessin de la **croix d'honneur**, elle peut faire le fond en fines herbes hachées, et les rayons de l'étoile avec des dés de gelée plantés près à près sur une double ou triple rangée; cela peut se varier à l'infini, et il est superflu, comme il est impossible, que j'en donne toutes les variations.

Tous les poids en cuivre jaune, bien brillans, doivent être placés selon leur gradation le long du comptoir. Les balances doivent être de même métal et tenues bien propres; les coutelas, tranche-lard, et autres couteaux peuvent à la rigueur être sur la table du comptoir, mais non pas les couperets. Il faut, autant que possible, éloigner des regards tout ce qui est grossier et dégoûtant.

Les andouilles fumées, les cervelas, les langues fourrées, les jambons, les quartiers de lard, peuvent être suspendus au plancher dans la boutique : ce plancher est ordinairement élevé. On les tire de là à mesure que l'on vend. Cependant le charcutier fera bien de ne pas trop les entasser dans la boutique, et de garder la plus grande partie de ces objets dans un grenier ou arrière-magasin bien sec, parce que l'humidité d'un rez-de-chaussée, et une longue exposition aux attaques des insectes pourraient à la fin altérer la qualité de ses marchandises ; on suspend aussi les crépines et vessies sèches à la porte.

Le petit-salé se débite froid, mais bien rarement ; le charcutier est bien plus assuré du débit du petit salé chaud ; aussi le matin doit-il en avoir de grands pots ou marmites sur un feu doux ; et à mesure qu'on vient acheter, il tire le salé, l'essuie bien, et l'enveloppe dans le linge que l'acheteur a dû apporter. Pendant le carnaval, il est rare qu'un charcutier achalandé puisse suffire aux nombreuses demandes de côtelettes, de *plates-côtes*, qu'on lui fait de tous les côtés. Cet objet ne se vend pas cher, mais la facilité de sa préparation, et son débit assuré en font un des gains les plus clairs de la charcuterie.

Dans ses détails, le commerce de la charcuterie varie avec les localités. A Paris, un charcutier joint à son débit ordinaire, fromages de Neufchâtel, billettes de Tours, pâté de lièvre en terrine, etc. Dans les très petites villes, il n'est pas rare de voir le même homme boucher et charcutier, tandis que dans les villes intermédiaires, un charcutier ne vend absolument que de la charcuterie. A

Toulon, il y a un singulier genre de charcutiers : ils ne vendent le cochon dans toutes ses parties qu'en état de crudité.

Quand un charcutier vend pour une soirée quelques livres d'un gros jambon, d'une hure, il doit offrir de livrer la pièce entière, à la charge de reprendre au poids ce qui peut rester. Cela engage et flatte beaucoup les consommateurs : c'est d'ailleurs une complaisance profitable ; car cette circonstance favorise la consommation, et en définitive on paie toujours beaucoup plus de comestibles qu'on n'en aurait acheté d'abord.

TROISIÈME PARTIE.

CHAPITRE VII.

CHARCUTERIE-CUISINE OU USAGES DU PORC EN CUISINE.

Après avoir indiqué toutes les préparations spéciales du charcutier, je crois qu'il est nécessaire, pour compléter ce Manuel, de parler de toutes les variétés d'assaisonnemens que peuvent recevoir les diverses parties du cochon. Les particuliers verront avec plaisir cet appendice, qui leur fournira les moyens de changer de mille façons le goût de leur provision de porc frais; et les charcutiers ne se borneront plus, comme les y contraint la routine, à n'offrir aux acheteurs, en fait de cochon frais, que de la viande rôtie. Il y a plus, on devrait trouver dans les boutiques de charcuterie moins de choses salées, fumées, marinées, que de viandes fraîches accommodées délicatement; car enfin le particulier peut, en salant, fumant, marinant, conserver pendant quelque tems une grande partie du porc qu'il tue, au lieu qu'au bout de quelques jours il est forcé de recourir au charcutier pour avoir de la chair fraîche.

Porc frais.

L'échinée, les côtelettes, surtout le filet de porc frais, rôtis, grillés, mis en divers ragoûts, sont d'excellens mets. Nous allons d'abord nous en occuper.

Échinée de cochon à la broche.

Parez cette échinée comme un carré de veau, et ciselez le lard en petits carrés ou losanges ; ôtez l'arête jusqu'au point des côtes, saupoudrez-la d'un peu de sel dessus et dessous, mettez-la à la broche, faites-la rôtir pendant deux heures, et servez-la avec une sauce poivrade, à la tartare ou toute autre sauce piquante. La sauce Robert, que l'on a coutume d'y mettre, est peu distinguée, et contribue à rendre ce plat indigeste.

Carré de cochon au ragoût de cornichons.

Laissez entier ou coupez en côtelettes un carré de porc frais, mettez-le sur le feu avec un peu de bouillon, un bouquet de thym, ciboule et persil, du sel et du poivre ; ayez des champignons coupés en gros dés, mettez-les dans une casserole avec une fois autant de cornichons coupés de même, passez-les sur le feu avec un peu de beurre ; mettez une pincée de farine, sel, gros poivre, persil, ciboule, une demi-gousse d'ail, deux clous de girofle ; mouillez moitié bouillon, moitié vin blanc; ajoutez un *jus*, *roux*, *poêlée*, ou toute autre grande sauce pour colorer le ragoût (*voyez* ces mots dans le *Nouveau Manuel du Cuisinier* faisant partie de l'*Encyclopédie Roret*); laissez réduire à courte sauce, et servez les côtelettes, entre lesquelles vous pouvez arranger de petits cornichons bien verts, de petits carrés de ris-de-veau, des foies de volaille ou toute autre garniture de plat.

Côtelettes de porc frais grillées.

Coupez et parez vos côtelettes comme on a coutume d'arranger celles de veau, en laissant dessus un peu de gras; aplatissez-les, donnez-leur une belle forme, saupoudrez-les de sel, panez-les, faites-les bien griller, et servez-les avec une sauce à la ravigote, sauce tomate ou simplement à la moutarde.

Côtelettes de porc frais à la poêle.

Vos côtelettes préparées, parées et aplaties comme les précédentes, faites fondre du beurre dans la poêle, et mettez-les dedans; pendant qu'elles cuiront, couvrez-les de mie de pain mélangée avec du sel, du poivre et des fines herbes hachées; lorsqu'elles seront cuites à point vous les retirerez, vous les dresserez sur le plat que vous devez servir; puis vous ajouterez à leur jus de la chapelure, un peu de farine et un verre de vin blanc; vous laisserez réduire et verserez sur les côtelettes, en y ajoutant soit des capres, des graines de capucines confites dans le vinaigre, des cornichons coupés par tranches ou filets, ou enfin des truffes cuites à part.

Carré de cochon braisé et glacé, aux truffes et au jambon.

Parez et préparez le carré, que vous pouvez aussi diviser en côtelettes; piquez-le ensuite avec du gros lard, des filets de jambon et des truffes; couvrez le fond d'une casserole avec des bandes de lard; mettez le carré dessus avec une ou deux carottes, un ognon, du sel, du poivre concassé, un bouquet de thym, ciboule et persil, une demi-feuille de laurier et un ou deux jarrets de veau, selon la grosseur du carré; mouillez avec du bouillon et autant de vin; faites cuire à petit feu. Arrivé au point de cuisson, le carré doit être sorti de la casserole et mis sur une passoire pour bien égoutter; prenez ensuite le plat que vous devez servir, foncez-le de tranches de jambon en tournant le gras sur le bord du plat, posez le carré dessus, couvrez-le de gelée saupoudrée de fines herbes, et placez un cordon de truffes coupées en deux sur les tranches de jambon. Cette espèce de daube est excellente, surtout froide.

Entremets d'une hure de cochon ou de sanglier, à la manière des hures de Troyes.

Prenez la hure, faites-la brûler à feu clair, frottez-la avec un morceau de brique, à force de bras, pour en ôter le poil; achevez de la ratisser avec le couteau, et la nettoyez convenablement; après cela vous la désosserez sans endommager la peau : ôtez-en la langue, que vous accommoderez à part; faites mariner dans une bonne saumure de la chair de filet de porc, dont vous aurez bien ôté les nerfs; faites également mariner la tête et les morceaux que vous en retirez. Au bout de huit jours retirez la tête, égouttez-la sur un linge blanc, et remplissez-la des morceaux désossés de la chair du porc, coupés en filets, que vous presserez bien les uns contre les autres, en les mettant toujours dans le sens de la longueur de la tête : mettez entre ces filets des lardons alongés de jambon et de lard, ainsi que des filets de truffes; faites cuire ensuite, dans une bonne braise, la hure, qu'il faut conserver très pointue; elle diffère de la hure ordinaire par sa forme alongée et par l'absence de la farce dont l'autre est remplie.

Pain de jambon.

Prenez des tranches de jambon, battez-les avec le dos du couperet, hachez-les bien, mettez-y une poignée de pistaches bien échaudées, et pilez le tout dans un mortier, ajoutez trois ou quatre jaunes d'œufs, suivant la dimension du plat; mettez le tout dans un plat sur des cendres chaudes, avec un couvercle de tourtière par dessus, et couvrez de feu dessus et dessous, jusqu'à ce que le pain de jambon soit cuit. La cuisson faite, s'il n'est pas assez lié, on y ajoutera un peu de coulis de pain; il faut avoir ensuite un pain de potage, le fendre par le milieu, de manière que les deux croûtes, dessus et dessous, soient entières; ôtez la mie de dedans et faites-le sécher et prendre couleur, soit devant le feu, soit au four, pour qu'il devienne roux. Quand on sera près de servir, on prendra les deux croûtes, on les joindra ensemble dans un petit plat après les avoir mis tremper un peu dans la sauce; on verse le ragoût de jambon dedans avec de la sauce, on referme les deux croûtes, puis on garnit le pain de tranches de jambon, et on verse du jus par-dessus le pain. Ce mets se sert très chaud pour gros entremets.

Autre pain de jambon.

Prenez un petit pain bien chapelé, faites-y un trou par-dessous, et gardez le morceau de l'ouverture pour le remettre après en manière de petit couvercle; ôtez-en toute la mie, et remplissez le pain d'un hachis de blanc de dindon, de jambon et de lard; votre pain étant plein, vous le fermerez avec le morceau que vous avez ôté précédemment, et le ficellerez en croix, de peur que le morceau ne tombe; vous le mettrez ensuite tremper dans du lait pendant un demi-quart d'heure, et le retirerez sur une assiette pour le laisser égoutter, ensuite vous le faites frire et le mettez dans le plat que vous devez servir; préparez ensuite de petites tranches de jambon, battez-les bien, mettez-les dans le fond d'une casserole, et faites-les suer comme un jus de veau; ajoutez-y un peu de lard fondu et une pincée de farine, remuez le tout ensemble pendant un moment, mouillez-le d'un peu de jus de veau, et achevez la liaison avec un bon coulis; il faut que le goût en soit relevé et légèrement épicé : placez un instant votre pain dans le ragoût, remettez ensuite dans le plat à servir, garnissez-le avec goût de tranches de jambon, mettez entre elles un cordon de truffes coupées en dés, losanges, et jetez le jus par-dessus : ce pain se sert chaudement pour entremets.

Essence de jambon.

Il faut avoir de petites tranches de jambon cru, les battre bien et les passer dans la casserole avec un peu de lard fondu; mettez-les sur un réchaud allumé, et, les tournant avec une cuiller, faites prendre couleur avec un peu de farine; étant coloré, votre ragoût aura besoin de nouveau de bon jus de veau, un bouquet de ciboules et de fines herbes; vous y ajouterez un clou de girofle, une gousse d'ail, quelques tranches de citron, une poignée de champignons hachés, des truffes également hachées, quelques croûtes de pain et un filet de vinaigre; lorsque tout cela sera cuit, passez par l'étamine, et mettez ce jus en lieu propre et frais, sans qu'il bouille davantage; il vous servira pour toutes sortes de mets où il entre du jambon.

Essence de jambon liée.

Prenez du jambon, ôtez-en le gras, coupez-le par tranches, que vous battrez comme il a été dit, garnissez-en le fond d'une casserole avec un ognon coupé en rouleau, des carottes et des panais; couvrez la casserole et faites suer le jambon à petit feu; lorsqu'il est attaché, poudrez-le avec un peu de farine, remuez-le, mouillez avec moitié bouillon, moitié jus de veau; faites-lui prendre une belle couleur brun-doré, assaisonnez-le ensuite de trois champignons, autant de grosses truffes et de mousserons, deux clous de girofle, basilic, ciboule et persil, ajoutez-y quelques croûtes de pain selon la quantité que vous voulez avoir, laissez mitonner environ trois quarts d'heure, passez à l'étamine, et servez-vous ensuite de ce jus de jambon dans toutes sortes d'entremets et d'entrées.

Jambon en ragoût à l'hypocras.

Il faut passer des tranches de jambon cru dans une casserole, faire une sauce avec du sucre, de la cannelle, un macaron pilé, du vin rouge d'une belle couleur, un peu de poivre blanc concassé, y mettre les tranches et ajouter du jus d'orange en servant. Ce ragoût bizarre se sert pour gros entremets.

Jambon cuit sans feu et sans eau.

Prenez un bon jambon, parez-le, ôtez tout ce qui est mauvais autour, étendez ensuite une nappe et mettez dans un des bouts, du thym, du laurier, du basilic; posez-y le jambon du côté du gras, et l'assaisonnez dessus comme dessous, en y ajoutant des clous de girofle et du poivre; faites-lui faire un tour de pli dans la nappe, arrosez-le de quelques verres d'eau-de-vie, achevez de le plier dans la nappe en le serrant bien, mettez ensuite une toile cirée dessus, comme si vous vouliez l'emballer, prenez ensuite des cordes de foin et mettez-les bien serrées les unes contre les autres; cela terminé, enterrez le jambon dans du fumier de cheval pendant quarante heures : le fumier doit avoir deux pieds de hauteur tout autour, tant en dessus qu'en dessous de votre paquet de jambon. Le tems nécessaire écoulé, vous retirerez le jambon et le servirez comme un autre, une autre fois vous pourrez le faire cuire de même sans en ôter la peau, et le servir froid.

On peut attendrir les jambons en les enterrant avant de les faire cuire, ainsi que je l'ai dit plus haut.

Marbrée de veau, de bœuf et de cochon.

Ayez une douzaine d'oreilles de veau lavées proprement, autant d'oreilles de cochon nettoyées de même; mettez le tout dans une marmite avec une noix de jambon, un filet de bœuf, sel, poivre, échalottes, thym, basilic; mouillez avec de bon bouillon, à moitié cuit, ajoutez une bonne poularde, lorsqu'elle sera cuite, désossez toutes ces viandes, mélangez-les bien en les coupant par morceaux plats, et mettez-les dans un plat à marbrée, en les serrant bien; couvrez la masse qui en resultera d'une bonne sauce formée de velouté et d'essence de jambon.

Pâté froid de jambon.

La pâte qui doit contenir le jambon sera ferme, grasse et nourrie de bardes de lard. (*Voyez*, pour faire la pâte, le *Manuel du Pâtissier et de la Pâtissière*, le *Manuel du Cuisinier et de la Cuisinière*, faisant partie de l'*Encyclopédie-Roret*.) Le sel qui assaisonnera la farine sera en moins grande quantité que pour les pâtés de volaille, veau ou gibier, parce que le jambon, même dessalé à l'avance et cuit à grande eau, conserve encore une quantité de sel qui contribuera à relever le goût de la pâte. Prenez le pâté, garnissez-en bien l'intérieur de bardes de lard, foncez-le d'un lit de farce de porc frais et de veau; quelques personnes, qui y mettent de la chair à saucisses, ne doivent point être imitées, parce que cette chair, très salée et très épicée, se sale encore par le contact du jambon; par ce motif, assaisonnez légèrement votre farce; vous pourrez y ajouter du blanc de volaille et des truffes hachées; coupez ensuite de belles tranches de jambon cuit, moitié maigre et moitié gras; débarrassez-les de la couenne, et mettez-en un premier lit sur la farce; arrangez-les de manière qu'il ne se trouve point d'intervalle; posez ensuite un second lit, de manière que les parties grasses du lit précédent se trouvent sous les parties maigres de celui-ci. Le pâté est ordinairement rempli par ces deux lits; s'il ne l'était pas, vous en ajouteriez un troisième; vous terminerez par un lit de farce et une large barde de lard sur laquelle vous poserez le couvercle du pâté. Comme le pâté de jambon est destiné à être mangé froid et conservé long-tems, vous le ferez cuire un peu plus qu'un autre.

Pâté de boudin blanc aux champignons et aux crêtes de coq.

Ayez des morceaux de boudin blanc (voyez *boudin blanc*) un peu courts, non coupés, mais préparés, c'est-à-dire que vous aurez coupé à l'avance, un peu courts, les boyaux dans lesquels vous avez mis la préparation du boudin. Ces morceaux doivent être tous d'une égale longueur. Tandis que vos boudins s'égouttent, vous faites cuire vos crêtes de coq et vos champignons, avec deux ou trois ognons blancs, du sel, du poivre, un bon morceau de rouelle de veau, les zestes d'un citron, et un bon morceau de lard gras; vous mouillez avec de bon bouillon ou du blond de veau. (Voyez *Manuel du Cuisinier* faisant partie de *l'Encyclopédie-Roret.*)

Le tout étant bien cuit, vous retirez les champignons et les crêtes de coq, et les faites égoutter; ensuite vous laissez encore bouillir un peu de tems la rouelle et le lard, et lorsqu'ils sont très cuits, vous les hachez avec un peu de graisse de veau et de blanc de volaille: vous ajoutez à ce hachis du sel, du poivre, de la muscade, du persil haché très fin, le jus d'un citron, et vous formez des boulettes alongées que vous faites frire dans le beurre.

Vous disposez le pâté, le remplissez de boudins, entre lesquels vous placez des filets de blanc de volaille; vous entourez les boudins de boulettes, des champignons, des crêtes de coq; vous ferez former quelque dessin, selon votre goût, à ces différens objets, et vous pourrez tremper vos crêtes dans une légère dissolution de cochenille pour leur donner une belle rougeur. Le dessus de ce pâté doit être bombé, et soulevé de manière que l'on aperçoive la jolie disposition de l'entourage : pour cela, on peut le poser sur quatre ou six petits supports arrondis, en pâte : si le pâté était trop sec, vous pourriez verser sur les boudins un peu de velouté ou autre sauce délicate. On le mange chaud.

Pâté de boudin noir et de porc frais.

Ayez un bon pâté bien garni de bardes de lard; faites légèrement frire des morceaux préparés de boudin ; faites en même tems légèrement griller des tranches peu épaisses de bon filet de porc frais ; disposez au fond du pâté un lit de grillade, puis un lit de boudin, et ainsi de suite jusqu'à ce que le pâté soit rempli : ne pressez pas les tranches de porc, ou grillades, de peur qu'elles ne crèvent les boudins ; tâchez de terminer par les grillades: recouvrez d'une barde de lard ; quand le pâté sera cuit, vous souleverez le dessus, et vous verserez dans l'intérieur une sauce à la tarare. (Voyez *Manuel du Cuisinier,* faisant partie de l'*Encyclopédie-Roret.*) Ce pâté doit se manger très chaud.

Pâté de hure de cochon aux truffes.

Vous pouvez remplir ce pâté de tranches de hure, entourées de truffes cuites préalablement dans du vin blanc avec une muscade pilée ; mais il est bien plus distingué de faire entrer la hure tout entière dans le pâté. Rapelez-vous ce que nous avons dit sur la manière de confectionner la hure : préparez-la de préférence à la manière de Troyes, et faites-y entrer beaucoup de truffes dites *comes-*

tibles, parce qu'elles sont les plus noires et les plus recherchées. Faites cuire les truffes d'entourage en ragoût, avec de l'espagnole et du consommé; dégraissez, faites réduire, ajoutez un petit morceau de beurre et un verre de vin de Champagne réduit; coupez ces truffes en dés, et disposez-les agréablement dans le pâté, qui est un trésor de gastronomie.

Jambon à la Saint-Garat, ou Cingarat.

Coupez du jambon cuit en tranches fort minces; mettez-les dans une casserole, ou dans une poêle, avec un peu de sain-doux et du lard; faites cuire à petit feu pendant peu de tems. Dressez ensuite les tranches dans un plat, et mettez dans la casserole où elles ont cuit un peu d'essence de jambon ou de veau, un filet de vinaigre, du poivre concassé appelé mignonette : détachez le grattin de la casserole en remuant avec une cuiller; ajoutez un peu de cornichons hachés, et versez sur le jambon.

Manière d'accommoder le sang de cochon quand on ne veut point le mettre en boudin.

Coupez de l'ognon en petits dés, faites-le cuire avec du beurre ou du sain-doux fondu, soit dans une casserole, soit dans une poêle; quand l'ognon est cuit, et le beurre bien chaud, jetez-y le sang, qui, saisi par la chaleur, formera des morceaux de diverses grosseurs. Assaisonnez de sel et de poivre; sautez un peu le sang, et mouillez avec un peu de très bon vin blanc.

Fraise de cochon.

On la met ordinairement dans les andouilles; autrement on l'accommode comme la fraise de veau, au naturel, braisée avec des cornichons coupés, *ou frite, ou à la bourgeoise.* (Voyez *Manuel du Cuisinier,* faisant partie de l'*Encyclopédie-Roret.*)

Rognons de cochon sautés au vin de Champagne.

Émincez vos rognons, mettez-les dans le plat à sauter ou dans la poêle, avec beurre, sel, poivre, persil, ciboules hachées, muscade râpée : lorsque vos rognons sont fermes, ajoutez un peu de farine ; mouillez le tout avec du vin de Champagne, ou tout autre vin blanc ; remuez, retournez votre ragoût, faites-le cuire sans le laisser bouillir, parce que les rognons durciraient : servez avec la sauce et une garniture de croûtons, entremêlés de très petits cornichons.

Cervelles de cochon.

Elles se préparent en matelotte, à la poulette, à la sauce verte, tomate, à l'essence de jambon, au beurre noir ; ou frites, marinées. (Voyez *Manuel du Cuisinier* de l'*Encyclopédie-Roret*. Cervelles de bœuf et de veau.)

Queues de cochon braisées et grillées.

Mettez-les dans une braisière, lorsqu'elles sont nettoyées, pour les faire cuire à petit feu, et les mettre ensuite sur le gril, lorsque vous les aurez passées au beurre et panées, au sortir de la braisière. On peut s'en servir comme garniture, sur toute espèce de purée, et y ajouter toute espèce de sauce.

Oreilles de cochon frites.

Nettoyez-les, braisez-les, coupez-les par filets, passez-les à l'œuf, et faites-les frire : ajoutez-y, si vous voulez, une sauce à la ravigote, ou une remoulade.

Oreilles de cochon à la lyonnaise.

Mettez, dans une sauce faite avec des ognons émincés et passés au beurre, les oreilles braisées et coupées par filets; ajoutez un peu de farine; mouillez avec du bouillon, et faites réduire : disposez-les sur le plat en y mettant un filet de vinaigre, ou le jus d'un citron, et garnissez de croûtons passés dans la friture.

Oreilles de cochon à la purée.

Prenez le nombre d'oreilles de cochon que vous jugerez convenable pour votre service; flambez-les, nettoyez-les, lavez-les à plusieurs eaux; faites-les blanchir et cuire dans une braise ordinaire; lorsqu'elles sont cuites, vous les égouttez, vous les dressez sur le plat, et les masquez d'une purée de lentilles, de pois, de haricots, d'ognons; d'une sauce tomate, ou au vert-pré, et vous servez bien chaud.

Cuisson des saucisses.

Les saucisses rondes, plates, longues ou courtes, se font toutes cuire de la même façon; on les met sur le gril, ou dans la poêle : dans le premier cas, on les pique légèrement (surtout les rondes) avec une grosse épingle avant de les faire griller : dans le second cas on les met dans la poêle avec du beurre chaud et un verre de vin blanc; cette dernière préparation les rend excellentes. On peut aussi les faire cuire dans le beurre, et ajouter ensuite un demi-verre d'eau-de-vie.

Saucisses à la chipolata.

Tournez en forme d'olives environ vingt-quatre morceaux de carottes, autant de navets, ognons et marrons; faites blanchir les racines, puis cuire dans du consommé avec un peu de sucre; mettez cuire dans l'eau douze petites saucisses rondes, avec autant de morceaux de petit lard; mettez le tout dans une casserole avec des champignons, des truffes coupées en quartiers, et quelquefois une demi-bouteille de vin de Madère. Ce ragoût doit être servi très chaud: on le mange seul, ou sous quelque grosse pièce.

Potage aux saucisses et au lard.

Prenez un chou, coupez-le en quatre parties, faites-le blanchir avec des tranches de petit lard; ficelez chaque morceau après l'avoir fait rafraîchir: mettez le tout dans une marmite avec du bouillon. Quelques cuisiniers mettent dans le fond de la marmite ou casserole, des tranches de veau et des bardes de lard. Quand le tout a bouilli pendant deux heures, ajoutez des saucisses; égouttez les morceaux dans une passoire; versez le potage sur des croûtons; laissez bien tremper; coupez ensuite le chou en tranches, et garnissez-en le potage, ainsi qu'avec les saucisses et le petit lard.

OEufs brouillés au jambon.

Après avoir fait fondre et chauffer du

beurre dans une casserole, cassez les œufs dedans, assaisonnez et remuez continuellement avec une petite cuiller ou quelques brins d'osier attachés en faisceau; ajoutez du jambon coupé en petits morceaux et une cuillerée de jus.

Omelette au lard.

Coupez du lard en petits morceaux, mettez-le dans la poêle, en y ajoutant un peu de beurre ou de sain-doux; laissez fondre et prendre couleur, puis vous verserez dessus les œufs bien battus.

Chou au lard et petit salé.

Il faut faire blanchir le chou, le couper par quartiers, le remettre dans la marmite avec un morceau de petit-salé, un saucisson, quelques tranches de lard; on mouille avec de l'eau, on assaisonne, on fait bouillir d'abord, ensuite cuire à petit feu. Le tout cuit convenablement, on dresse le chou, en mettant le petit salé par dessus; on finit par faire réduire la cuisson, en la liant sur le feu avec un morceau de beurre manié de farine. On répand cette espèce de sauce sur le chou.

Chou farci avec de la chair à saucisses.

Dépouillez un chou de ses grosses feuilles vertes, faites-le blanchir, ôtez le cœur de votre chou ; après l'avoir rafraîchi et pressé pour en faire sortir l'eau, mettez dans le milieu, à a place du cœur, de la chair à saucisses à laquelle vous aurez ajouté quatre jaunes d'œufs; ôtez ensuite les feuilles les unes après les autres, mettez à chacune un peu de farce, remettez-les ensuite l'une sur l'autre comme si le chou était entier. Cela fait, vous lui rendez la première forme et le ficelez sans l'endommager ; vous le mettez dans une casserole avec un cervelas, un bouquet garni, ognons, carottes, muscade râpée, gros poivre, peu ou point de sel; couvrez de bardes de lard et mouillez avec du bouillon ; dégraissez votre chou, ôtez-en la ficelle et l'arrosez d'essence de jambon.

Différens usages de la chair à saucisses.

On se sert également de chair à saucisses pour farcir tous autres légumes, tels qu'artichauts, concombres, choux-fleurs, etc.; on s'en sert aussi pour faire du godiveau, des boulettes, dont nous parlerons à part; pour remplir des tourtes, pour faire des lits de farce dans les pâtés de volaille, de veau ou de gibier : pour tous ces usages il est bon de mêler à la chair à saucisse, telle qu'on l'achète chez les charcutiers, un peu de mie de pain trempée et cuite dans de la crême, quelques jaunes d'œufs, de la graisse de veau, des blancs de volaille, afin d'adoucir la force de l'assaisonnement; on farcit avec cela toutes sortes de volailles, des têtes, des oreilles de veau, des paupiettes et divers autres objets.

Boulettes de chair à saucisses.

Mélangez de la chair à saucisses ainsi qu'il vient d'être dit, ou contentez-vous d'y réunir partie égale de hachis de veau non assaisonné; prenez un petit tas de cette chair mêlée, roulez en boule entre les paumes des mains, et passez cette boule dans la farine; agissez ainsi jusqu'à ce que toute la chair soit employée, et tâchez de faire des boulettes de

même grosseur; passez-les ensuite dans la
poêle, où vous les ferez roussir dans du beurre
chaud, puis vous les ferez cuire dans un roux
au jus que vous nourrirez, au moment de
servir, avec quelques cuillerées de velouté
brun ou d'espagnole.

Petit-salé à la purée.

Ainsi que nous l'avons vu, le petit-salé ou
plates-côtes que vendent les charcutiers, se
mange très bon au naturel pour déjeûner;
mais pour un repas plus solide, pour en faire
un plat économique, varié, et rendre cette
nourriture moins échauffante, on place le
petit-salé sur une purée de haricots, de
pois, de lentilles, d'ognons ou de tout autre
légume.

Gâteau aux cretons, grillons ou grignons.

Les habitans de la campagne se font un
régal de ce mets, ignoré des Parisiens, qui
ne le trouveraient probablement pas merveil-
leux; mais comme il ne faut pas décider des
goûts, ni négliger aucune recette d'économie
domestique, et omettre un procédé qui se

rattache à la charcuterie, je vais entretenir mes lecteurs de ce singulier gâteau.

Vous devez vous souvenir que, lorsque vous avez fait fondre du sain-doux, il est resté de petits morceaux d'une nature sèche, cassante quoique grasse, et d'une couleur brune : ce sont les *cretons, grillons ou grignons* ; étendez-les sur un torchon blanc et saupoudrez-les de sel fin : songez ensuite à préparer de la pâte à dresser à deux tours, et un peu molle. Dès que vous aurez placé sur la table ou *tour à pâte* la farine avec un creux dans le milieu pour retenir d'abord l'eau, le sel et les œufs, vous joindrez une petite quantité de cretons à ces diverses choses; vous pétrirez la pâte : au premier tour vous étendrez une partie des cretons sur la table, et les incorporerez au gâteau ; au second tour vous mettrez le reste, et l'incorporerez de même : vous terminerez comme on a coutume pour un gâteau ordinaire.

Usages du jambon dans les sauces.

Je ne parle point ici du lard, qui se trouve plus ou moins dans tous les plats en gros, aurais trop à faire : je me borne seulement indiquer les sauces qui ont pour base le jambon.

1° Sauce aux truffes à la Saint-Cloud ; 2° salpicon; 3° poêle ou poêlée; 4° sauce verte; 5° sauce ravigote ; 6° sauce à l'ivoire; 7° sauce hachée ; 8° sauce italienne rousse ; 9° bechamel grasse; 10° sauce à l'allemande ; 11° asic ; 12° sauce espagnole.

Voyez *Manuel du Cuisinier* de l'*Encyclopédie-Roret*.

Usages du lard.

Outre toutes les braises, les sauces, les ragoûts de tous les plats de viande de boucherie, volaille, gibier, poissons et légumes au gras, que le lard nourrit, il sert spécialement à piquer et larder : voici comment on s'y prend ordinairement.

Manière de piquer ou larder.

Passez un couteau bien tranchant dans le milieu d'un morceau de lard carré de cinq à six pouces de large, de telle sorte que vous laissiez autant de graisse du côté de la couenne que vous en enlevez de l'autre côté ; partagez ensuite ce morceau de lard en *morceaux* plus ou moins alongés, plus ou moins gros, selon la pièce que vous devez piquer, mais coupez-les toujours égaux. Tantôt on assaisonne les lardons, tantôt et plus souvent on les place au naturel. Ayant coupé les lardons, dans la longueur du morceau de lard, faites-en autant dans l'épaisseur, en enfonçant perpendiculairement le couteau jusqu'à la couenne que vous ne coupez pas : enlevez les lardons, qui doivent autant que possible se trouver coupés carrément.

Tout ce qu'on veut larder, piquer, doit être préparé d'avance ; à la viande de boucherie on ôte les membranes, la graisse, les tendons ; on ne laisse à découvert que les muscles qui la composent ; pour le gibier à poil on agit de même. Quant à la volaille et autre gibier à plumes, on plume, on flambe, pour raffermir les chairs : le poisson est dépouillé de sa peau tout entière.

Étalez sur un linge la pièce que vous devez piquer, prenez-la de la main gauche ; ayez une lardoire bien propre, enfoncez-la à quelques lignes d'épaisseur dans la chair, de manière à ce que les deux extrémités du lardon puissent paraître; insinuez ce lardon dans l'ouverture extérieure de la lardoire, et retirez-la sans laisser dépasser le lardon plus d'un côté que de l'autre; continuez plus ou moins près, à distance bien égale, et de telle façon que vous formiez des lignes droites; la seconde rangée doit croiser avec la première, la troisième avec la seconde, et ainsi de suite, jusqu'à ce que la pièce, ou le morceau soit entièrement recouvert. On ne fait quelquefois que quelques rangées au milieu de la pièce.

Manière de barder.

Ayez un morceau de gros lard, de la hauteur et de la largeur que vous voulez donner à la barde; coupez-le longitudinalement vers la couenne; remettez le couteau à trois ou quatre lignes d'épaisseur, et coupez encore en long, de manière à avoir une large bande de lard, cette bande se nomme *barde*; vous répéterez cette opération autant de fois que vous voudrez avoir de bardes. Vous laisserez de côté la couenne, le maigre, ou la surpeau qui pourrait se trouver à l'autre extrémité du lard, en face de la couenne, vos bardes devant être parfaitement grasses et blanches.

Vous vous servirez de ces bardes, 1° pour la volaille fine, telle que chapons, poulardes, poulets gras ; 2° pour le gibier à plumes, comme pigeons, perdrix, bécasses, mauviettes, grives, etc. ; 3° pour les légumes farcis, comme choux, choux-fleurs, concombres, etc. ; 4° pour garnir l'intérieur et le dessus des pâtés froids et chauds pour entrées ; 5° pour foncer les casseroles et marmites de beaucoup de braises et ragoûts. Rien n'est si simple que l'action de barder. Est-ce une volaille qui vous occupe? après l'avoir flambée, vidée, troussée, vous placez une barde sur le ventre, une autre sur le dos, et vous les faites tenir autour de l'animal, au moyen d'une ficelle fine dont vous mettez un tour en haut et en bas de la barde ; tous les autres oiseaux, tous les légumes s'arrangent de même : on laisse la ficelle aux premiers, en les servant. Il est inutile de dire comment on dispose les bardes dans les casseroles et pâtés. J'ai dit l'emploi que l'on peut faire des bardes de lard écorché.

Filets mignons de porc frais.

Vous levez vos filets mignons dans toute leur longueur; vous les parez et les piquez de lard fin. Laissez-les en long, ou mettez-les en gimblettes, c'est-à-dire en rond, et les piquez encore par dessus. Foncez une casserole de bardes de lard; mettez-y quelques tranches de veau, deux carottes, trois ognons, deux clous de girofle, un bouquet de persil et de ciboules, deux feuilles de laurier, et placez vos filets sur l'assaisonnement. Couvrez-les ensuite d'un double rond de papier beurré; vous ajoutez plein une petite cuiller à pot de bouillon; vous la posez sur le feu une heure avant de servir; vous mettez du feu sur le couvercle pour faire glacer les filets. Au moment de les manger, égouttez-les, glacez-les; vous pouvez servir dessous de la chicorée, des concombres au gras, une purée de champignons, ou bien des sauces piquantes de diverses façons.

Cochon de lait rôti.

Occupons-nous maintenant du cochon de lait, comme d'un accessoire important à la *charcuterie-cuisine*. Nous avons vu comment on le saigne et prépare.

Le cochon de lait saigné, dépouillé et troussé, doit être frotté en dedans, de beurre, fines herbes, sel et poivre. On le met ensuite dégorger à grande eau, pendant vingt-quatre heures; on l'égoutte, on le flambe légèrement; on l'embroche par le derrière, de manière que la broche sorte par le boutoir; mettez-lui dans le ventre un bouquet de sauge; arrosez-le de très bonne huile d'olive, afin que la peau soit bien croquante, et laissez-le cuire jusqu'à ce qu'il soit d'un beau jaune. Il doit être servi en sortant de la broche, avec du sel, poivre, et jus d'orange. Quelques personnes le servent sur du persil en branches, et lui en mettent dans la bouche.

Cochon de lait farci, ou en galantine.

Désossez votre cochon, et lui laissez la tête entière; étendez-le sur sa peau; couvrez la partie découverte d'une farce faite avec du lard, autant de noix de veau, deux œufs entiers, foie et mou du cochon de lait. Assaisonnez cette farce avec sel, poivre, girofle, muscade en poudre, sauge et basilic hachés; mettez sur cet assaisonnement, jambon coupé en filets, lardons, truffes, filets de langue à l'écarlate, etc. Relevez, cousez la peau, et donnez à votre cochon sa première forme; enveloppez-le ensuite d'un linge blanc, où vous avez mis des feuilles de sauge, laurier, basilic, les os du cochon, quelques bardes de lard et un pied de veau; avant de l'envelopper, on le frotte quelquefois de jus de citron; cela fait, mettez-le dans une braisière avec une bouteille de vin de Grave et avec du bouillon, quelques lames de jambon cru, et gousse d'ail; faites cuire à petit feu; la cuisson achevée, laissez le cochon une heure dans la braise; retirez-le, pressez-le doucement, laissez-le refroidir; ôtez le linge, et dressez sur un plat couvert d'une serviette.

Cochon de lait par quartiers, au père Douillet.

Faites d'abord un bon bouillon avec un

trumeau de bœuf, un jarret et deux pieds de veau, un bouquet de persil, ciboule, deux gousses d'ail, trois clous de girofle, la moitié d'une muscade, quelques ognons et racines. La viande cuite, passez le bouillon au tamis, et mettez le cochon de lait dans un vase proportionné à sa grandeur, avec quatre grosses écrevisses et le bouillon passé; ajoutez à cela une demi-bouteille de vin blanc, sel, gros poivre; faites cuire pendant une heure et demie, vous passerez ensuite de nouveau la cuisson dans un tamis, vous la dégraisserez et la clarifierez comme la gelée. Vous disposerez le cochon de lait dans un plat long, les quatre écrevisses en dessous avec des branches de persil vert; vous verserez ensuite la gelée sur le cochon.

Cochon de lait en blanquette, à la Lyonnaise, en pâté froid.

Voyez *Manuels du Pâtissier et du Cuisinier*, de l'*Encyclopédie-Roret*.

Sanglier.

Le sanglier, autre accessoire de la *charcuterie-cuisine*, va terminer ce chapitre abondant.

Nous ne parlerons point de la hure, quoique ce soit la partie la plus estimée, parce qu'elle appartient spécialement à la charcuterie proprement dite. Cet animal est loin d'offrir autant de ressources que le cochon; il n'a point de lard, sa graisse étant entre les fibres de la chair. Le sanglier tué à la chasse, après avoir couru long-tems, mérite la préférence que l'on accorde au marcassin, parce que le mouvement a dissipé une partie des sucs de difficile digestion.

Côtelettes de sanglier sautées.

Vous coupez et parez vos côtelettes de sanglier comme celles de veau; vous les mettez dans un sautoir ou dans une tourtière; vous les assaisonnez de sel, gros poivre; vous faites tiédir du beurre, que vous versez dessus, et les posez sur un feu ardent: quand elles sont raides d'un côté, vous les tournez de l'autre; lorsqu'elles sont bien fermes, vous les dressez en couronnes sur votre plat; vous mettez dans une casserole quatre cuillerées à dégraisser d'espagnole, et un verre de vin blanc après l'avoir versé dans votre sautoir, pour détacher la glace qu'ont produites vos côtelettes; vous ajouterez ce vin dans votre sauce que vous ferez réduire à moitié; vous la passerez à l'étamine, et la verserez sur les côtelettes, en ajoutant des câpres, du sel, du poivre et un peu des quatre épices.

Côtelettes de sanglier à la marinade.

Commencez par piquer et parer vos côtelettes; mettez-les après cela dans une marinade faite de tranches d'ognons, échalottes, gousses d'ail, girofle, laurier, sauge, grains de genièvre, basilic, thym, sel, moitié vinaigre et moitié eau; laissez-les ainsi mariner pendant quatre à cinq jours; retirez-les, égouttez-les, faites-les revenir dans une casserole avec de l'huile d'olive, en les retournant; faites-les cuire ensuite, feu dessus et dessous, pendant près de deux heures; égouttez-les, et servez sur une poivrade.

Filets de sanglier.

Ils se font mariner, cuire et servir comme les côtelettes.

Cuisse de sanglier.

Vous brûlez bien les soies qui sont après votre cuisse; vous la nettoyez autant que possible; vous la désossez jusqu'à la jointure du manche; vous la piquez de gros lardons assaisonnés d'aromates pilés, des quatre épices, d'un peu de sauge, de sel, de gros poivre. Quand la cuisse est bien piquée, vous garnissez une terrine ou un baquet avec beaucoup de sel, poivre fin, poivre en gros grains, du genièvre, du thim, du laurier, du basilic, des ognons coupés en tranches, du persil en branches, de la ciboule entière; vous laissez mariner la cuisse pendant quatre à cinq jours. Quand vous vous disposerez à la faire cuire, vous ôterez de l'intérieur les aromates qui y seront, vous l'envelopperez dans un linge blanc, vous la ficelerez comme une pièce de bœuf, vous la mettrez dans la braisière avec la saumure dans laquelle elle a mariné; vous ajouterez six bouteilles de vin blanc, à peu près autant d'eau, six carottes coupées en deux, six ognons entiers, quatre clous de girofle, un fort bouquet de persil et ciboules, du sel. Si vous croyez que la saumure ne suffise pas pour donner un bon goût à votre cuisse, vous la ferez mijoter pendant six heures. Vous la sonderez ensuite pour vous assurer si la cuisson est achevée; il est quelquefois nécessaire de faire bouillir encore une heure. Après cela, vous laisserez la cuisse pendant une demi-heure dans son bouillon, vous la retirerez, et la laisserez dans sa couenne. Vous pouvez, à volonté, la recouvrir de chapelure, ou, si elle est grasse, lui ôter la couenne, et la servir à blanc. Vous terminerez par la glacer. Il est important qu'elle ait une belle forme.

CHAPITRE VIII.

USAGE DU PORC EN DIVERS ARTS; CAS OU IL FAUT S'ABSTENIR DE SA CHAIR; NOTICE HISTORIQUE SUR LE PORC; VOCABULAIRE DES COCHONNAILLES RENOMMÉES; SYMÉTRIE DES PLATS DE CHARCUTERIE; MANIÈRE DE DÉCOUPER ET DE SERVIR LES DIFFÉRENTES PIÈCES DE COCHON.

Ce n'est pas assez que toutes les parties du porc, même les plus dégoûtantes et celles que l'on jette ordinairement chez les autres animaux, nous offrent des mets variés et savoureux, tous les débris de cet animal ont une utilité spéciale, et servent efficacement dans un grand nombre d'arts.

Usages du porc. — L'agriculture réclame son fumier pour engraisser les terres sèches et légères désignées à tort sous le nom de *terres froides*; on le mêle quelquefois avec du fumier de vache. Les serruriers, les charrons et carrossiers emploient le sain-doux à faire du vieux-oing avec lequel ils graissent les pièces de fer qu'ils confectionnent.

La vessie de porc gonflée, et séchée, guérit les brûlures: c'est pour cela qu'on la conserve chez les charcutiers et les habitans de la campagne; il suffit d'envelopper la partie affectée avec un morceau de la vessie, elle sert aussi de sac pour enfermer la pressure avec laquelle on fait prendre les fromages.

Aux États-Unis, on tanne la peau du porc; elle exige un peu plus d'écorce et de tan que les autres peaux, à cause de sa dureté naturelle. On en fait des cribles, des selles, des harnais, de très bonnes semelles; on la prépare aussi comme la peau de chèvre pour souliers; elle dure une fois plus. En Espagne, la peau du cochon sert à faire des outres pour mettre le vin.

Ses soies font une foule de brosses et de pinceaux qui servent aux peintres, aux badigeonneurs, aux décrotteurs, aux cordonniers, et aux lapidaires pour polir les diamans.

A la campagne et chez les blanchisseurs, la mâchoire du cochon se conserve pour aider à bien couler la lessive. On la pose au fond du cuvier auprès de l'ouverture, de manière qu'elle soutienne le bouchon de linge qui laisse à moitié couler l'eau. Le lard grillé sert d'appât pour prendre les souris. La couenne et le vieux lard servent à graisser les dents des scies et les spirales des vrilles et des vis. La médecine vétérinaire fait usage du sain-doux, pour accélérer la suppuration des tumeurs, panser certaines plaies, composer divers onguens, etc. (Voyez *Manuel du Bouvier et du Zoophyle* de l'*Encyclopédie-Roret.*)

En Écosse, surtout dans le Murrayshire, on voit souvent atteler à la même charrue un petit cheval, un âne et un porc; ce dernier animal tire et laboure avec les deux autres. Une loi spéciale de Moïse défendait de pareilles associations dans la culture des terres : c'est en effet le signe évident d'une agriculture misérable, mais c'est encore un service que peut rendre le porc.

C'est à son odorat que nous devons la découverte des truffes ; il les a trouvées en fouillant la terre.

Cas où il faut s'abstenir de la chair du cochon.

Le porc est une viande blanche, mais échauffante et de difficile digestion, surtout en été et dans les climats chauds : elle est alors moins ferme, moins savoureuse qu'en hiver et dans les pays froids ou tempérés. La viande du porc chinois, quoique extrêmement délicate, fatigue l'estomac des hommes les plus robustes, dans les régions méridionales ; voici le motif de la défense faite aux juifs de manger du porc.

Il convient donc de s'abstenir en été de cette nourriture, et en tout tems de lui adjoindre d'autres alimens plus légers. Après une longue course, ou des travaux fatigans, qui stimulent l'estomac, la cochonnaille doit être préférée : lorsqu'on a l'estomac faible, pesant; que la digestion est pénible habituellement ou accidentellement, il faut fuir les préparations du porc comme un poison. Les personnes jeunes et robustes, les hommes, les ouvriers qui s'occupent d'arts mécaniques qui exigent beaucoup de mouvement auraient tort de se priver de cette économique et succulente nourriture; elle n'indispose point les gens de la campagne, qui ne mangent presque pendant tout l'hiver que du porc et de lourds farineux.

Notice historique sur le porc.

Le cochon est tout-à-fait classique; les Anciens le sacrifiaient à Cérès, déesse des moissons. Dans l'île de Crète on le regardait comme sacré, et on l'honorait comme tel. Il était aussi fort considéré à Rome, mais non pas religieusement : l'on s'y occupait particulièrement de l'art d'élever et d'engraisser les porcs, art que les auteurs latins d'économie rustique désignent sous le nom de *porculatio* : les lettres de noblesse de la charcuterie datent de loin, comme l'on voit. La sensualité dans ce genre augmenta graduellement ; et, sous les empereurs, le luxe de la gloutonnerie fut porté à l'excès le plus dipendieux et à la cruauté la plus horrible. Les riches Romains avaient deux manières de préparer le cochon : la première consistait à servir l'animal entier, et cuit de telle sorte, qu'un côté en était bouilli et l'autre rôti, sans que ces deux genres de cuisson se confondissent. La seconde façon était dite à la *Troyenne*, parce qu'elle figurait le cheval de bois, entré frauduleusement dans Troie : le cochon, vidé et cuit délicatement, était rempli de grives, de becs-figues, d'huîtres et d'une grande quantité d'oiseaux et de poissons rares et précieux, arrosés de vin et de jus exquis. Cette préparation était si fort onéreuse, qu'elle ruina plusieurs citoyens, et devint le motif d'une loi somptuaire. Mais qu'était cette prodigalité insensée auprès des barbaries que l'on mettait en usage pour satisfaire sa gourmandise ? Tantôt on foulait aux pieds une truie prête à cochonner, et on la faisait souffrir des tortures effroyables pour rendre sa chair plus délicate, ainsi que celle de ses petits ; tantôt on passait des fers rouges dans le corps de l'animal vivant.... Mais détournons nos regards de ces souvenirs abominables.

Dans les Gaules, le porc était la nourriture la plus générale et la plus estimée. En voici plusieurs preuves. La loi *Salique* traite plus longuement du pourceau que de tout autre animal; un chapitre entier y est employé à disposer des réglemens contre le vol du porc (*De furtis porcorum*). La principale dot des églises consistait dans la dîme des cochons; les plats destinés à en servir la chair avaient un nom particulier, ils s'appelaient *baccon* ou *bacconique*, de l'ancien mot *báco* ou *bácon*, qui signifie porc engraissé. Il n'était permis, en Égypte, de manger du porc qu'une fois l'année, au jour de la fête de la lune; aussi les Égyptiens en sacrifiaient-ils à l'envi un grand nombre à cette planète. Le cochon n'est pas moins en honneur chez les peuples modernes. Le goût des Allemands pour le lard passe presque en proverbe. En Espagne, le saucisson (*chorizo*) est un mets national; en France, en Angleterre, on ne peut convenablement fêter le carnaval sans cochonnailles, qui sont aussi la base des repas publics. En Irlande, le porc mérite bien plus encore de fixer notre attention, car il est à la fois l'ami et le soutien du pauvre habitant; il partage avec lui sa hutte, ses pommes-de-terre, et lui offre ensuite la seule nourriture agréable et fortifiante que le malheureux puisse avoir.

Vocabulaire des cochonnailles renommées.

Cet article et le suivant sont le complément d'un ouvrage de ce genre.

Andouillettes de Châlons-sur-Marne.
Andouilles de Troyes.
Cervelas de Lyon.
Charcuterie d'Arles.
Cochon de Vierzon.
Cochonnaille de Champagne.
Hures de cochon ou de sanglier de Troyes.
Jambonneaux de Reims.
Jambons de Bayonne.
Jambons de Mayence.
Langues fourrées de Troyes et de Besançon.
Pieds de cochon de Sainte-Menehould.
Sanglier de Compiègne et de Fontainebleau.
Saucissons de Lyon, de Mayence, d'Arles.

SYMÉTRIE DES PLATS DE CHARCUTERIE.

Hors-d'œuvres.

Petit-salé au naturel, aux choux ou à la purée.
Jambon de Bayonne à la gelée.
Côtelettes de porc frais au naturel, ou à la sauce Robert, ou à la poivrade.
Saucisses, soit au vin blanc, soit aux choux.
Andouilles, andouillettes.
Boudin noir.
Pieds de cochon à la Sainte-Menehould, aux truffes, marinés, farcis, etc.
Rognons de cochon sautés au vin blanc.
Oreilles de cochon farcies, truffées, à la purée, etc.
Assiette garnie.
Grillade de porc frais.

Gros entremets et pièces de relevés.

Pain au jambon.
Hure de sanglier ou de cochon.
Jambon à la broche.
Jambon glacé.

Quartier de cochon au four.
Carré de porc frais rôti.
Pâté de jambon.
Pâté à la hure de cochon.
Pâté aux boudins.
Langue fourrée.
Cervelas.
Saucissons.
Cuisse de sanglier.
Veau farci.
Dinde farci.

Entrées.

Filets mignons de porc frais.
Filet de porc frais aux câpres, cornichons, etc.
Côtelettes de porc frais en ragoût.
Cochon de lait en galantine.
Cochon de lait en blanquette.
Cervelles de cochon en matelotte.

Rôtis.

Échinée de cochon à la broche.
Cochon de lait.
Filet de sanglier rôti.

MANIÈRE DE DÉCOUPER ET DE SERVIR LES DIFFÉRENTES PIÈCES DE COCHON.

Saucissons.

Vous en faites un certain nombre de rondelles, ni trop minces, ni trop épaisses ; vous en garnissez une assiette et la faites circuler.

Hure de cochon ou de sanglier.

Cette hure, ordinairement servie entière, se partage en travers, un peu au-dessus des défenses ; coupez ensuite des tranches minces dans toute l'épaisseur, par en haut comme par en bas ; rapprochez l'une contre l'autre les deux parties qui restent, afin d'empêcher le contact de l'air de les dessécher.

Échinée de cochon.

Détachez d'abord le filet et le rognon, s'il tient après, et divisez-les en égales portions ; vous découperez ensuite chaque côte, à laquelle il doit rester assez de chair. Le charcutier n'oubliera pas de faciliter la dissection en donnant un coup de couperet aux endroits où se joignent les côtes.

Jambon.

Le jambon, qui communément se sert froid et paré dans tout son contour, se découpe ainsi : Prenez le manche de la main gauche, coupez les chairs en tranches et suivant la ligne perpendiculaire, en commençant par le bout de l'autre côté du manche ; après avoir fait pénétrer le couteau jusqu'au milieu de ces chairs, vous le retirerez et l'enfoncerez horizontalement au-dessous de ces tranches pour les séparer les unes des autres. Comme chaque tranche doit offrir du gras et du maigre, cette manière de les couper est la meilleure. Quand vous avez levé toutes les tranches dont vous aviez besoin, rapprochez la première de l'endroit du jambon où votre couteau s'est arrêté ; et pour le mettre en état de reparaître une autre fois sur la table, recouvrez cette tranche avec la couenne.

Cochon de lait.

Voici un rôti qui peut paraître avec honneur sur les bonnes tables. Comme il doit être mangé très chaud, parce qu'il n'est bon que croquant, et que sa peau refroidie devient mollasse et d'un goût peu agréable, vous devez être prompt à le disséquer. Coupez d'abord la tête du cochon de lait; enlevez-lui la peau par carrés, aussi rapprochée des os que possible; c'est cette peau qui, rissolée, est le seul bon morceau : le reste est fade et ne peut être mangé qu'avec une sauce piquante.

Le cochon de lait en galantine se découpe par tranches.

Langue de cochon fourrée.

Coupez-la en tranches minces et transversales : on en sert peu à la fois ; rapprochez les deux bouts quand vous aurez fini de servir, comme je l'ai dit pour le jambon.

APPENDICE.

La manière connue jusqu'ici pour hacher la viande, était aussi longue que fatigante : grace aux nouvelles découvertes, les charcutiers ne seront plus obligés de hacher à bras les viandes sur un billot.

A Londres, M. William Davis imagina une machine qui ne laisse rien à désirer; la vapeur ou simplement un manége en sont les moteurs.

Bien que cette machine, assez compliquée, ne soit pas à la portée de tout le monde, nous en donnerons cependant la description suivante :

La figure première représente l'élévation latérale de la machine; la fig. 2 la vue de face.

a est une traverse sur laquelle sont fixés les couteaux *bb*, par des tenons serrés par des boulons à écrous *d*.

ee, tiges de fer des manches de couteaux dont les extrémités portent des pas de vis pour recevoir les écrous *f*, qui donnent la facilité de lever ou baisser les couteaux.

g est un plateau très épais, en bois dur, avec rebord *h*, formant auge, et destiné à recevoir les viandes que l'on veut hacher.

Cette auge, qui roule sur les galets *ll*, reçoit le mouvement de va et vient par une roue à rochet *n*, dont l'axe *o* fait tourner un pignon *i*, qui engrène dans une crémaillère double *k*, sur laquelle le plateau *g* est fixé.

L'extrémité de l'axe *o* est engagée dans un coulisseau horizontal *m*, indiqué par des lignes ponctuées, fig. 1re; son collet, fig. 3, est échancré assez profondément pour permettre au pignon d'engrener alternativement les dents supérieures ou inférieures de la crémaillère *k*.

Un arbre *p*, dont les extrémités sont armées de manivelles *r a*, et sur lequel sont montés le volant *q* et la roue dentée *r*, communique, au moyen des bielles *s s*, avec d'autres manivelles fixées sur l'axe de l'équipage des couteaux: une bielle horizontale *t*, réunie à charnière, à un levier y, est attachée à l'une des manivelles $r\ a$; le levier, en agissant sur un déclic i, l'engrène successivement dans chacune des dents de la roue à rochet n, qu'il repousse, et opère ainsi le mouvement de rotation.

Un autre cliquet j, fixé au sommet du rochet, empêche le retour lorsque la machine fonctionne.

v, coulisses verticales entre lesquelles montent et descendent les extrémités de l'axe de l'équipage des couteaux. vvv, engrenage composé de trois roues dentées, qui donnent au volant une vitesse de 250 révolutions par minute, et font produire aux couteaux le même nombre de coups ; pendant l'intervalle de la levée des couteaux, l'auge h opère son mouvement de va et vient ; xx, bâtis de machine ; $v'v'$, sont des manivelles montées sur l'axe vv, et qu'à défaut de machine à vapeur, ou de manège, deux hommes peuvent faire tourner.

La figure 4 montre comment les couteaux triangulaires fonctionnent sur le plateau g ; on voit par cette disposition, que la viande hachée dans un sens, par les couteaux de la traverse a, est divisée dans un sens contraire par la rangée opposée des couteaux.

Les coulisses uu peuvent se briser à charnières et s'abattre, afin de faciliter le repassage des couteaux. Cette position est indiquée par les lignes ponctuées uz, fig. 1re; après qu'elles sont relevées, on les arrête par des boulons, des clavettes, ou tout autre moyen.

Quoique l'auteur préfère la disposition indiquée dans le dessin, parce qu'elle présente plus de durée et de solidité, il pense que l'on pourrait y ajouter quelques modifications, en plaçant les axes des manivelles, soit au-dessus, soit au-dessous de la traverse a. Pour plus d'économie, on pourrait substituer des roues à rubans aux roues à engrenages et en diminuer le nombre; mais dans tous les cas, les couteaux doivent avoir une vitesse uniforme, quoique l'on puisse augmenter la longueur de leur levée, pour les débarrasser des viandes qui pourraient s'y attacher pendant l'opération; un râteau fixé au bâtis ou aux coulisses, passe entre les lames.

A l'une des expositions de l'industrie française, nous avons remarqué une machine destinée aux mêmes fonctions, plus simple que la machine anglaise; elle produit des effets très satisfaisans.

Les figures 5, 6, 7, 8, donneront une idée facile de ce hachoir.

La fig. 5, vue de face, montre la machine montée sur le billot à hacher, ou sur une table qui en tient lieu.

La fig. 6 donne l'élévation de la machine séparée du billot, afin de distinguer les parties ponctuées, fig. 5.

La fig. 7 en montre le plan vu d'en haut.

La fig. 8 indique la forme des couteaux.

Une table *a* ronde, forte de 6 pouces ou 16 centimètres environ d'épaisseur, sert de billot; elle est posée sur trois pieds très forts, carrés, assemblés par des traverses dans le bas. Ces pieds doivent avoir au moins 3 pouces ou 8 centimètres.

La table est enveloppée d'une forte ceinture d'un pouce ou 27 millimètres d'épaisseur, qui déborde de 6 pouces, ou 16 centimètres, par dessus. Ce rebord sert à guider le hachoir et à retenir les viandes que l'on veut hacher. Ce hachoir doit tourner sur lui-même, afin que les couteaux coupent dans tous les sens; on a ponctué, fig. 5, les pièces cachées par le rebord.

Ce hachoir est formé d'un cercle en bois c, que trois galets verticaux d supportent, qui roulent sur la table a, et il est maintenu dans la position convenable par les trois galets horizontaux e.

L'arbre kk est entièrement supporté par le bâtis ff, qui soutient également les traverses gg, qui dirigent dans une position verticale les manches hh des couteaux ii. Ces manches sont carrés, ainsi que les trous des traverses gg, afin que les couteaux soient maintenus et ne puissent tourner sur leurs axes.

Neuf cames régulièrement espacées, pour faire lever l'un après l'autre les neuf couteaux qui ont chacun un mentonnet, sont supportés par l'arbre k.

Les couteaux ont chacun 10 pouces ou 24 centimètres de large, et ont la forme que l'on voit en l; ils sont tenus dans une fourchette au bas du manche h, par deux chevilles qui les rendent très solides.

Sur le manche de chaque couteau, entre

les traverses gg, est un ressort à boudin qui repose sur une embase que porte chaque manche, et qui appuie sur la traverse supérieure. Ce ressort contraint le couteau à tomber avec force, la figure ne porte pas cette construction, parce qu'elle présente deux graves inconvéniens qui pourraient la faire rejeter en construisant la machine.

Il est très difficile de se procurer des ressorts d'une égale force, et ces ressorts sont sujets à se rendre; il vaudrait mieux faire terminer le manche de chaque couteau par une petite tige ronde, comme on le voit en n, sur laquelle on enfile plusieurs poids en plomb ronds, comme on les voit en o : par ce moyen, on peut augmenter ou diminuer la force à volonté, en mettant plus ou moins de rondelles de plomb.

Pour faire fonctionner la machine, on tourne d'une main la manivelle m, pendant que l'on pousse avec l'autre le bâtis en avant, et toute la machine tourne sur elle-même, en roulant sur les galets verticaux, tandis que ceux horizontaux diminuent la résistance, en frottant sur l'intérieur de la ceinture.

*

L'ouvrier, en tournant continuellement autour de la table *a*, qui reste fixe, entraîne la machine dans son mouvement circulaire ; par ce moyen, la viande est bientôt hachée dans tous les sens.

Cette machine, beaucoup plus simple que la précédente, produit des résultats pareils ; elle a le double avantage de coûter moins cher, et de n'être pas empruntée à l'étranger, avantage que l'on n'apprécie pas assez.

FIN.

TABLE DES MATIÈRES.

Avant-propos. . . . . Page   1

PREMIÈRE PARTIE.

CHAPITRE Ier — Conformation, mœurs, races

    des porcs. 5
    Conformation du porc. 6
    Mœurs du porc. 11
    Races des porcs. 16
    Sanglier, ou porc sauvage. 18
    Porc de Siam ou porc chinois. 25
    Cochon de Guinée. 26
    Cochon commun à grandes oreilles. . . . . *ibid.*
    Porc de noble. 27
    Cochon anglo-chinois, ou Siam-anglais. . . 28
    Porc danois 29
    Porc suédois mi-sauvage. 30
    Porc de Pologne et de Russie. . . . . . . *ibid.*
    Porc pie. . . . . *ibid.*
    Porc turc ou de Mongolitz. 31
    Porc noir à jambes courtes ou porc ras. . . 32
    Cochon de Portugal. 33
    Porc de France. . . . . *ibid.*
    Cochon de la vallée d'Auge en Normandie. 34
    Cochon blanc du Poitou. . . . . *ibid.*
    Cochon du Périgord. 35

TABLE

Cochon noir à jambes courtes. 35
Porc des Ardennes. 36
Porc dit de Champagne. . . . . *ibid.*

CHAP. II. — Manière de soigner, élever, nourrir et engraisser les cochons. 38
Petit vocabulaire des termes en usage pour l'éducation des porcs. 41
Choix du verrat. 43
Choix de la truie cochonnière ou porchère. . 44
Soins du verrat. 45
Soins de la truie. 46
Gestation. 47
Part. 49
Allaitement des cochonneaux. 52
Sevrage des cochonnets. 57
Castration. 58
Manière d'élever les cochons avant de les mettre à l'engrais. 61
Nourriture des cochons. 64
Cochons aux champs. 67
Manière d'engraisser les cochons. 74

CHAP. III. — Bénéfices que produit le porc. — Fécondité des truies. — Ennemis et poisons des cochons. — Moyens de prévenir et de guérir leurs maladies. 87
Calcul des frais de nourriture d'un porc engraissé. 88
Fécondité de la truie. 91
Ennemis et poisons des cochons. 94

DES MATIÈRES. 285

Maladies du cochon................ 98
La ladrerie..................... 99
La ladrerie locale................. 103
Le catarrhe ou enflure des glandes du cou.. 104
Le sang ou le feu................. ibid.
Les soies...................... 106
La néphrite ou pissement de sang....... 107
La fièvre...................... ibid.
La diarrhée..................... ibid.
La constipation.................. 108
La gale....................... ibid.
L'irritation de la panse, par suite de nourriture vénéneuse................ 109
La rage....................... ibid.
Bosse........................ 110
Manière de panser les plaies des porcs.... 112
Gourme....................... 113
Manière de saigner les cochons........ ibid.
Dégoût, enflure, vomissement........ 114

DEUXIÈME PARTIE.

CHAP. IV. — MANIÈRE DE TUER, BRULER, ÉCORCHER, DÉPECER, LAVER ET SALER LE PORC; MOYENS DIVERS ET NOUVEAUX DE LE CONSERVER; PRÉPARATION DU COCHON DE LAIT......... 115
Manière de tuer le porc............ ibid.
Manière de le brûler.............. 120
Manière de le dépecer, par derrière..... 123
Autre manière de le dépecer, par devant.. 127
Travail des boyaux............... 130

Morcelage du porc.................131
Manière d'écorcher les cochons........132
Préparation du porc à blanc..........135
Manière de saler le cochon..........136
Manière de conserver le porc dans le saloir. 137
Salaison du porc par l'acide muriatique ou esprit de sel................138
Nouvelle manière de saler le cochon.....139
Choix du porc et des parties les plus favorables à la salaison...............141
Salaison du porc par infusion liquide....142
Salaison du porc par infusion sèche.....143
Manière de M. Cazalès, professeur de chimie et de physique à Bordeaux, pour dessécher et conserver la viande.......*ibid.*
Manière de conserver la viande selon les Mahométans et les Arabes..........145
Autre moyen de conserver le porc dans l'huile, comme le thon..............*ibid.*
Conservation de la chair de porc et de dindon dans le sain-doux...........147
Jambon confit................*ibid.*
Manière de conserver le porc frais en le marinant...................*ibid.*
Nouvelle salaison qui conserve très long-tems le porc................148
Méthodes diverses pour la conservation du porc....................149
Préparation du cochon de lait........152

CHAP. V. — CHARCUTERIE PROPREMENT DITE. — MANIÈRE D'APPRÊTER TOUTES LES PARTIES DU COCHON................ 153
   Boudin noir................ *ibid.*
   Boudin blanc............... 161
   Saucisses................. 162
   Saucisses rondes............. 163
   Saucisses longues............. 164
   Saucisses plates ou crépinettes...... *ibid.*
   Saucisses aux truffes........... *ibid.*
   Saucisses larges au foie.......... *ibid.*
   Saucisses recouvertes de graisse...... 166
   Saucisses au vin de Champagne...... *ibid.*
   Saucissons................ 167
   Petits saucissons d'Estramadure, dits Chorizos.................. 168
   Cervelas................. *ibid.*
   Cervelas crus............... 169
   Cervelas à l'italienne........... 171
   Cervelas aux truffes............ *ibid.*
   Cervelas à l'ognon............. *ibid.*
   Cervelas à l'échalotte ou à l'ail...... 172
   Cervelas au veau, lièvre ou lapin...... *ibid.*
   Andouilles................ *ibid.*
   Andouilles marinées et fumées....... 173
   Andouillettes de Troyes.......... 174
   Clarification et formes de la gelée..... 175
   Pieds de cochon à la Sainte-Menehould... 176
   Pieds de cochon farcis aux truffes..... 177
   Langues de cochon fumées et fourrées... 178

JAMBONS. — Jambon à la manière commune ou au naturel. 179

Jambon à la broche. 182

Jambon de devant. 183

Jambon de Bayonne. 184

Jambon de Mayence — Première recette. . 185

Autre recette pour préparer le jambon de Mayence. 186

Moyen d'attendrir les jambons. . . . . *ibid.*

Petit salé. 187

Lard. 188

Sain-doux. . . . . *ibid.*

Gâteau en pain de foie ou de chair de cochon. 191

Foie de cochon piqué. 192

Fromage d'Italie. . . . . *ibid.*

Fromage de cochon. 193

Hure de cochon. 195

Oreilles de cochon marinées. 196

Oreilles de cochon glacées aux truffes. . . . 198

Veau piqué. 199

Veau farci aux truffes. 201

Dindon farci ou en galantine aux truffes. . . 203

Dindon farci selon Beauvilliers. 205

Bœuf glacé. 206

CHAP. VI. — INTÉRIEUR DE LA BOUTIQUE DU CHARCUTIER. — MANIÈRE DE DISPOSER PROPREMENT ET AGRÉABLEMENT LES DIVERSES PARTIES DU COCHON ET LES AUTRES OBJETS QUE VEND LE CHARCUTIER. 208

Étalage. 211

Assiettes garnies. 219

TROISIÈME PARTIE.

CHAP. VII. — Charcuterie-cuisine, ou usages du porc en cuisine.................. 223

Porc frais.......................... 224
Échinée de cochon à la broche......... 225
Carré de cochon au ragoût de cornichons. . *ibid*
Cotelettes de porc frais grillées........ 226
Cotelettes de porc frais à la poêle...... *ibid.*
Carré de cochon braisé et glacé aux truffes
   et au jambon................... 227
Gros entremets d'une hure de cochon ou de
   sanglier à la manière des hures de Troyes. 228
Pain au jambon..................... 229
Autre pain au jambon................ 230
Essence de jambon.................. 231
Essence de jambon liée.............. 232
Jambon en ragoût à l'hypocras........ 233
Jambon cuit sans feu et sans eau...... *ibid.*
Marbrée de veau, de bœuf et de cochon. . 234
Pâté froid de jambon................ 235
Pâté de boudin blanc aux champignons et
   aux crêtes de coq................ 237
Pâté de boudin noir et de porc frais..... 238
Pâté de hure de cochon aux truffes..... 239
Jambon à la Saint-Garat ou Cingarat.... 240
Manière d'accommoder le sang de cochon
   quand on ne veut point le mettre en boudin. 241

CHARCUTIER.   25

Fraise de cochon.... 241
Rognons de cochon sautés au vin de Champagne. 241
Cervelles de cochon. 242
Queues de cochon braisées et grillées. . . . *ibid.*
Oreilles de cochon frites. 243
Oreilles de cochon à la Lyonnaise. . . . . . *ibid.*
Oreilles de cochon à la purée. . . . . . . *ibid.*
Cuisson des saucisses.. 244
Saucisses à la chipolata . . . . *ibid.*
Potage aux saucisses et au lard.. 245
Œufs brouillés au jambon. . . . . *ibid.*
Omelette au lard. 246
Chou au lard et petit salé. . . . . *ibid.*
Chou farci avec de la chair à saucisses. . . 247
Différens usages de la chair à saucisses. . . *ibid.*
Boulettes de chair à saucisses. 248
Petit salé à la purée. 249
Gâteau aux cretons, grillons ou grignons. . *ibid.*
Usages du jambon dans les sauces. 250
Usages du lard. 251
Manière de piquer ou larder.. . . . . . . *ibid.*
Manière de barder. 253
Filets mignons de porc frais. 255
Cochon de lait rôti. 256
Cochon de lait farci ou en galantine . . . . *ibid.*
Cochon de lait par quartiers, au père Douillet 257
Cochon de lait en blanquette, à la Lyonnaise, en pâté froid.. 258

DES MATIÈRES. 291

Sanglier................................. 258
Côtelettes de sanglier sautées............ 259
Côtelettes de sanglier à la marinade...... 260
Filets de sanglier........................ 260
Cuisses de sanglier....................... 261

CHAP. VIII. Usages du porc en divers arts. — Cas où il faut s'abstenir de sa chair. — Notice historique sur le porc. — Vocabulaire des cochonnailles renommées. — Symétrie des plats de charcuterie. — Manières de découper et de servir les différentes pièces de cochon................................ 262

Usages du porc........................... 263
Cas où il faut s'abstenir de la chair de porc. 265
Notice historique sur le porc............. 266
Vocabulaire des cochonnailles renommées . 269
Symétrie des plats de charcuterie......... 270
Hors-d'œuvre............................. ibid.
Gros entremets ou pièces de relevés...... ibid.
Entrées................................... 271
Rôtis..................................... ibid.
Manière de découper et servir les différentes pièces de cochon................... 272
Saucissons............................... ibid.
Hure de cochon ou de sanglier............ ibid.
Échinée de cochon........................ ibid.
Jambon................................... 273

Cochon de lait................ *ibid.*
Langue de cochon fourrée.......... 274
APPENDICE................... 275

FIN DE LA TABLE DES MATIÈRES.

TOUL, IMPRIMERIE DE V° BASTIEN.

AVRIL 1840.

N. B. Comme il existe à Paris deux libraires du nom de RORET, l'on est prié de bien indiquer l'adresse.

LIBRAIRIE ENCYCLOPÉDIQUE

DE

RORET,

Rue Hautefeuille, 10 bis,

AU COIN DE LA RUE DU BATTOIR,

A PARIS.

Cette Librairie, entièrement consacrée aux Sciences et à l'Industrie, fournira aux amateurs tous les ouvrages anciens et modernes en ce genre publiés en France, et fera venir de l'étranger tous ceux que l'on pourrait désirer.

DIVISION DU CATALOGUE.

	Pages.
ENCYCLOPÉDIE-RORET OU COLLECTION DE MANUELS.	3
SUITES A BUFFON, format in-8°.	14
BUFFON, COMPLÉMENT et SUITES.	17
SUITES A BUFFON, format in-18.	18
OUVRAGES D'HISTOIRE NATURELLE	20
COURS D'AGRICULTURE AU XIXᵉ SIÈCLE.	24
OUVRAGES DIVERS.	id.
— de M. BOURGON..	34
— pour les ÉCOLES CHRÉTIENNES	35
— de M. JOUY..	id.
— de M. MARCUS.	id.
— de M. MORIN	36
— de M. NOEL.	id.

1

Publications annuelles à la LIBRAIRIE ENCYCLOPÉDIQUE DE RORET, *rue Hautefeuille, n. 10 bis.*

L'ENSEIGNEMENT, BULLETIN D'ÉDUCATION, publié sous les auspices de la Société des Méthodes ; journal destiné à l'examen des questions et des ouvrages d'éducation ; rédigé par MM. B. JULLIEN et HIPPEAU, membres de la Société des Méthodes.

L'Enseignement paraît par cahier d'environ 40 pages par mois, à partir du 1er janvier 1840. Prix : 12 fr. par an.

ANNUAIRE POPULAIRE DE LA FRANCE pour 1840, extrait des ouvrages de MM. THOUIN, TESSIER, BOSC, LACROIX, IVART, de l'Institut ; de PERTHUIS, de la Société d'Agriculture ; TARBÉ, avocat-général ; NOISETTE, de plusieurs Sociétés savantes, etc. Mis en ordre et publié par MM. NOISETTE et BOITARD. 1 gros vol. in 16, gr raisin de 224 pages orné de jolies gravures. Prix : 50 c.

REVUE PROGRESSIVE D'AGRICULTURE, DE JARDINAGE, D'ÉCONOMIE RURALE ET DOMESTIQUE ; suivie d'un *Bulletin des Sciences naturelles*, publié par une Société de savants et de praticiens, sous la direction de MM. NOISETTE et BOITARD. Prix : 6 fr. par an.

Tous les mois il paraît un cahier de 40 pages in-8 grand format, et renfermant des gravures sur bois intercalées dans le texte.

Ce recueil suivra les progrès, chez tous les peuples, de l'Agriculture, du Jardinage, et les diverses sciences économiques qui s'y rattachent.

LE TECHNOLOGISTE, ou *Archives des progrès de l'Industrie française et étrangère*, publié par une Société de savants et de praticiens, sous la direction de M. MALEPEYRE. Ouvrage utile aux manufacturiers, aux fabricants, aux chefs d'ateliers, aux ingénieurs, aux mécaniciens, aux artistes, etc., etc., et à toutes les personnes qui s'occupent d'arts industriels. Prix : 18 fr. par an pour Paris, et 21 fr. pour la province.

Chaque mois il paraît un cahier de 48 pages in-8 grand format, renfermant des figures en grande quantité gravées sur bois et sur acier.

Les deux derniers journaux qui ont commencé avec le mois d'octobre 1839, se continuent sans interruption.

PARIS. — IMPRIMERIE DE BOURGOGNE ET MARTINET,
Rue Jacob 30.

AVRIL 1840.

ENCYCLOPÉDIE-RORET

COLLECTION

DES

MANUELS-RORET

FORMANT UNE ENCYCLOPÉDIE

DES SCIENCES ET DES ARTS,

FORMAT IN-18;

PAR UNE RÉUNION DE SAVANTS ET DE PRATICIENS.

Messieurs

...los, Arsenne, Biot, Biret, Biston, Boisduval, Boitard, Borc, Boyard, ...hen, Chaussier, Choron, De Gayffier, Du Lpage, Paulin Desormeaux, ...rois, Hervé, Janvier, Julia-Fontenelle, Julien, Huot, Lacroix, Landrin, ...unay, Leb'huy, Sébastien Lenormand, Lesson, Loriol, Matter, Mine, ...el, Rang, Richard, Riffault, Scribe, Tarbé, Terquem, Thiébaud de Bes-...aud, Thillaye, Toussaint, Tremery, Truy, Vauquelin, Verdier, Ver-...aud, etc., etc.

...tte Collection étant une entreprise toute philanthropique, les personnes qui ...ient quelque chose à faire parvenir dans l'intérêt des sciences et des arts, ...priées de l'envoyer franc de port à l'adresse de M. le *Directeur de l'Ency-*...*die-Roret*, chez M. Roret, libraire, rue Hautefeuille, n. 10 bis, à Paris.
...ous les Traités se vendent séparément. Les ouvrages indiqués *sous presse* ...îtront successivement. Pour recevoir chaque volume franc de port, l'on ...era 50 c. La plupart des volumes sont de 3 à 400 pages, renfermant des ...ches parfaitement dessinées et gravées.
...e Public est prévenu qu'il trouvera au bas du titre de chaque volume de ...Collection : *A la Librairie Encyclopédique de Roret*, et que tous ceux qui ...ortent pas cette indication n'appartiennent pas à la *Collection des Manuels-*...t, qui a eu des imitateurs et des contrefacteurs. (*M. Ferd. Ardant*, gérant ...maison *Martial Ardant frères*, de Paris, et M. Renault, ont été condamnés, ...er à 200 fr. d'amende et 800 fr. de dommages et intérêts, le 2e à 1,000 fr. ...ende et 6,000 fr. de dommages et intérêts.)

...ANUEL POUR GOUVERNER LES ABEILLES et en retirer un grand
...it, par M. RADOUAN; 2 vol.   **7 fr.**
. ACCORDEUR DE PIANOS, ... IO DI ROMA; 1 vol.
    1 fr. 25 c.

ACTES SOUS SIGNATURES PRIVÉES en matières civiles, commerciales, criminelles, etc., par M. BIRET, ancien magistrat; 1 vol. 2 fr. 50
— AÉROSTATS, BALLONS. (*Sous presse.*)
— ALGÈBRE, ou Exposition élémentaire des principes de cette science, par M. TERQUEM (*Ouvrage approuvé par l'Université*); 1 gr. vol. 3 fr. 50
— ALLIAGES MÉTALLIQUES, par M. HERVE, officier supérieur d'artillerie, ancien élève de l'école polytechnique : 1 vol. 3 fr. 50
— AMIDONNIER ET VERMICELLIER, par M. le docteur MORIN, 1 vol. 3 f.
— ANECDOTIQUE, ou Choix d'Anecdotes anciennes et modernes, par madame CELNART : 4 vol. in-18. 7 f.
— ANIMAUX NUISIBLES (Destructeur des) à l'agriculture, au jardinage, etc., par M. VERARDI ; 1 vol. orné de planches. 3 f.
— ARCHÉOLOGIE, par M. NICARD ; 2 vol. 7 f.
— ARCHITECTE DES JARDINS, ou l'Art de les composer et de les décorer, par M. BOITARD ; 1 vol. avec Atlas de 132 planches. 15 f.
— ARCHITECTURE, ou Traité de l'Art de bâtir, par M. TOUSSAINT, architecte ; 2 vol. 7 f.
— ARITHMÉTIQUE DÉMONTRÉE, par M. COLLIN : 1 vol. 2 fr. 50
— ARITHMÉTIQUE COMPLÉMENTAIRE, ou Recueil de Problèmes nouveaux, par M. TREMERY ; 1 vol. 1 fr. 75
— ARITHMÉTIQUE des Ouvriers en bâtiment, par M. BELLARGENT, 1 fr. 75
— ARMURIER, Fourbisseur et Arquebusier, par M. PAULIN D'ESOMEAUX : 1 vol. avec figures. 3 f.
— ARPENTAGE, ou Instruction sur cet art et sur celui de lever les plans, par M. LACROIX, de l'institut ; 1 vol. (*Autorisé par l'Université.*) 2 fr. 50
— ARPENTAGE SUPPLÉMENTAIRE, ou Recueil d'exemples pratiques sur les différentes opérations d'arpentage et de levée des plans, par M. HUGARD ; avec des modèles de Topographie, par M. CHARTIER, dessinateur au dépôt de la guerre : 1 vol. 2 fr. 50
— ART MILITAIRE, par M. VERGNAUD, 1 vol. avec fig. 3 fr 50
— ARTIFICIER, Poudrier et Salpêtrier, par M. VERGNAUD, capitaine d'artillerie : 1 vol. orné de planches. 3 f.
— ASTRONOMIE, ou Traité élémentaire de cette science de W. Herschel, par M. VERGNAUD : 1 vol. orné de planches. 2 fr. 50
— BANQUIER, Agent de change et Courtier, par M. PEUCHET, 1 vol. 2 fr. 50
— BIBLIOGRAPHIE et Amateur de livres, par M. F. DENIS (*Sous presse*)
— BIJOUTIER, Joaillier, Orfèvre, Graveur sur métaux et Changeur, par M. JULIA DE FONTENELLE : 2 vol. 7 f.
— BIOGRAPHIE, ou Dictionnaire historique abrégé des grands hommes, par M. NOEL, inspecteur-général des études ; 2 vol. 6 f.
— BLANCHIMENT ET BLANCHISSAGE, Nettoyage et Dégraissage des fil, lin, coton, laine, soie, etc. ; par M. JULIA DE FONTENELLE, 2 vol. 5 f.
— BOIS (Marchands de) et de Charbons, ou Traité de ce commerce en général, par M. MARIE DE LISLE ; 1 vol. 3 f.
— BOIS (Manuel-Tarif métrique pour la conversion et la réduction des bois d'après le système métrique, par M. LOMBARD ; 1 vol. 2 fr. 50
— BONNETIER ET FABRICANT DE BAS, par MM. LEBLANC, PREAUX-CALTOT ; 1 vol. avec figures. 3 f.
— BOTANIQUE, Partie élémentaire, par M. BOITARD 1 v. avec pl. 3 fr. 50
— BOTANIQUE, 2e partie, FLORE FRANÇAISE, ou Description synoptique des plantes qui croissent naturellement sur le sol français, par M. le docteur BOISDUVAL ; 3 gros vol. 10 fr. 50
ATLAS DE BOTANIQUE, composé de 120 planches représentant la plupart des plantes décrites dans l'ouvrage ci-dessus. Prix : Fig. noires. 18 f.
Figures coloriées 36
— BOTTIER ET CORDONNIER, par M. MORIN ; 1 vol. avec fig. 3

— BOULANGER, Négociant en grains, Meunier et Constructeur de Moulins, par MM. BENOIT et JULIA DE FONTENELLE; 2 vol. 5 fr.
— BOURRELIER ET SELLIER, par M. LEBRUN; 1 vol. 3 fr.
— BOUVIER ET ZOOPHILE, ou l'Art d'élever et de soigner les animaux domestiques, par un Propriétaire-Cultivateur : 1 vol. 2 fr. 50 c.
— BRASSEUR, ou l'Art de faire toutes sortes de Bières, par M. VERGNAUD; 1 vol. 2 fr. 50 c.
— BRODEUR, ou Traité complet de cet Art, par madame CELNART. 1 vol. avec un atlas de 40 planches. 7 fr.
— CALLIGRAPHIE, ou l'Art d'écrire en peu de leçons, par M. TREMERY; 1 vol. avec Atlas. 3 fr.
— CARTES GÉOGRAPHIQUES (Construction et dessin des), par PERROT : 1 vol. orné de planches. 3 fr.
— CARTONNIER, Cartier et fabricant de Cartonnage, par M. LEBRUN; 1 vol. 3 fr.
— CHAMOISEUR, Maroquinier, Peaussier et Parcheminier, par M. JULIA FONTENELLE; 1 vol. orné de planches. 3 fr.
— CHANDELIER, Cirier et Fabricant de Cire à cacheter, par M. LEBRMAND; 1 gros vol. orné de planches. 3 fr.
— CHAPEAUX (Fabricant de), par MM. CLUZEL F. et JULIA DE FONTENELLE; 1 vol. orné de planches. 3 fr.
— CHARCUTIER, ou l'Art de préparer et de conserver les différentes parties du cochon; par M. LEBRUN. 1 vol. 2 fr. 50 c.
— CHARPENTIER, ou Traité simplifié de cet Art, par MM. HANUS et STON; 1 vol. orné de 13 planches. 3 f. 50 c.
— CHARRON ET CARROSSIER, ou l'Art de fabriquer toutes sortes de voitures, par M. LEBRUN; 2 vol. ornés de planches. 6 fr.
— CHASSEUR, contenant un Traité sur toute espèce de Chasse, par DE MERSAN; 1 vol. avec figures et musique. 3 fr.
— CHAUFOURNIER, contenant l'Art de cuisiner la Pierre à chaux et plâtre, de composer les Mortiers, les Ciments, etc., par M. BISTON; 1 vol. 3 fr.
— CHEMINS DE FER, ou Principes généraux de l'Art de les construire, par M. BIOT, l'un des gérants des travaux d'exécution du chemin de fer de Saint-Étienne; 1 vol. 3 fr.
— CHIMIE AGRICOLE, par MM. DAVY et VERGNAUD; 1 vol. 3 fr. 50 c.
— CHIMIE AMUSANTE, ou Nouvelles Récréations chimiques, par VERGNAUD; 1 vol. 3 fr.
— CHIMIE INORGANIQUE ET ORGANIQUE dans l'état actuel de la science, par M. VERGNAUD; 1 gros vol. 3 fr. 50 c.
— CHIMIQUES (Fabricants de produits), ou Formules et Procédés usuels relatifs aux matières que la chimie fournit aux arts industriels et à la médecine, par M. THILLAYE, ex chef des travaux chimiques de l'ancienne fabrique Vauquelin; 3 vol. ornés de planches. 10 fr. 50 c.
— CIDRE ET POIRÉ (Fabricant de), avec les moyens d'imiter avec le cidre de pomme ou de poire le Vin de raisin, l'Eau-de-Vie et le Vinaigre de vin, par M. UBIEF; 1 vol. 2 fr. 50 c.
— COIFFEUR, précédé de l'Art de se coiffer soi-même, par M. VILLARET; 1 joli vol. orné de figures. 2 fr. 50 c.
— COLORISTE, contenant le mélange et l'emploi des Couleurs, ainsi que les différents travaux de l'Enluminure, par MM. PERROT et BLANCHARD; 1 vol. 2 fr. 50 c.
— COMPAGNIE (Bonne), ou Guide de la Politesse et de la Bienséance, par madame CELNART; 1 vol. 2 fr. 50 c.
— COMPTE-FAITS ou barême général des poids et mesures, par M. ACHILLE THEN. (Voir *Poids et Mesures*.)

— **CONSTRUCTIONS RUSTIQUES**, ou Guide pour les Constructions rales, par M. DEFONTENAY (Ouvrage couronné par la Société royale et centr d'Agriculture); 1 vol. 3

— **CONTRE-POISONS**, ou Traitement des Individus empoisonnés, phyxiés, noyés ou mordus, par M. H. CHAUSSIER, D. M.; 1 vol. 2 fr. 50

— **CONTRIBUTIONS DIRECTES**, à l'usage des Contribuables, des cevours, etc., par M. DELONCLE, ex-contrôleur; 1 vol 2 fr. 50

— **CORDIER**, contenant la culture des Plantes textiles, l'extraction de Filasse, et la fabrication de toutes sortes de cordes, par M. BOITAR 1 vol. 2 fr. 50

— **CORRESPONDANCE COMMERCIALE**, contenant les Termes commerce, les Modèles et Formules épistolaires et de comptabilité, etc., M. REES-LESTIENNE; 1 vol. 2 fr. 50

— **COUPE DES PIERRES**, par M. TOUSSAINT, architecte; 1 v 3 fr. 50

— **COUTELIER**, ou l'Art de faire tous les Ouvrages de Coutellerie, M. LANDRIN, ingénieur civil; 1 vol, 3 fr. 50

— **CRUSTACÉS** (Histoire naturelle des), comprenant leur Description leurs Mœurs, par MM. BOSC ET DESMAREST, de l'Institut, professeurs, etc.; 2 vol. ornés de planches. 6

— Atlas pour les Crustacés, 18 pl. Figures noires. 3 fr.; fig. color. 6

— **CUISINIER ET CUISINIÈRE**, à l'usage de la ville et de la campagne par M. CARDELLI; 1 gros vol. orné de figures. 2 fr. 50

— **CULTIVATEUR FORESTIER**, contenant l'Art de cultiver en for tous les Arbres indigènes et exotiques, par M. BOITARD; 2 vol 5

— **CULTIVATEUR FRANÇAIS**, ou l'Art de bien cultiver les Ter id'en retirer un grand profit, par M. THIEBAUT DE BERNEAUD; 2 v 5

— **DAMES**, ou l'Art de l'Élégance, par madame CELNART; 1 vol. 3

— **DANSE**, comprenant la théorie, la pratique et l'histoire de cet A par MM. BLASIS et VERGNAUD; 1 gros vol. orné de pl. 3 fr. 50

— **DEMOISELLES**, ou Arts et Métiers qui leur conviennent, tels que C ture, Broderie, etc., par madame CELNART; 1 vol. 3

— **DESSINATEUR**, ou Traité complet du Dessin, par MM. PERROT VERGNAUD; 1 vol. 3

— **DISTILLATEUR ET LIQUORISTE**, par M. LEBEAU, distillateur M. JULIA DE FONTENELLE; 1 vol. 3 fr. 50

— **DOMESTIQUES**, ou l'Art de former de bons Serviteurs, par mada CELNART; 1 vol. 2 fr. 50

— **ÉCOLES PRIMAIRES, MOYENNES ET NORMALES**, ou Gu des Instituteurs et Institutrices (Ouvrage autorisé par l'Université), M. MATTER, inspecteur général de l'Université; 1 vol. 2 fr. 50

— **ÉCONOMIE DOMESTIQUE**, contenant toutes les recettes les plus simp et les plus efficaces, par madame CELNART; 1 vol 2 fr. 50

— **ÉCONOMIE POLITIQUE**, par M. J. PAUTET; 1 vol. 2 fr. 50

— **ÉLECTRICITÉ**, contenant les Instructions pour établir les Paratonner et les Paragrêles, par M. RIFFAULT; 1 vol. 2 fr. 50

— **ENREGISTREMENT ET TIMBRE**, par M. BIRET; 1 vol. 3 fr. 50

— **ENTOMOLOGIE**, ou Histoire naturelle des insectes, par M. BOITAR 2 vol. 7

— Atlas d'Entomologie, composé de 110 planches représentant les Insec décrits dans l'ouvrage ci-dessus. Figures noires. 17

— Figures coloriées. 34

— **ÉPISTOLAIRE** (Style), par M. BISCARRAT et madame la comte d'HAUTPOUL; 1 vol. 2 fr. 50

— **ÉQUITATION** à l'usage des deux sexes, par M. VERGNAUD; 1 v 3

— **ESCRIME**, ou Traité de l'Art de faire des armes, par M. LAFAUGEI maréchal-des-logis; 1 vol. 3 fr 50

— ESSAYEUR, par MM. VAUQ LUSSAC et D'ARCET, publié par M. VERGNAUD : 1 vol. 3 fr.

— ÉTAT CIVIL (Officiers de l'), pour la Tenue des Registres et la Rédaction des Actes, etc., etc., par M. LEMOLT, ancien magistrat. 2 fr. 50 c.

— ÉTOFFES IMPRIMÉES (Fabricant d' et Fabricant de Papiers peints, par M. SEB. LENORMAND : 1 vol. 3 fr.

— FERBLANTIER ET LAMPISTE, ou l'Art de confectionner en fer blanc tous les Ustensiles, par M. LEBRUN : 1 vol. orné de fig. 3 fr.

— FLEURISTE ARTIFICIEL, ou l'Art d'imiter d'après nature toute espèce de Fleurs, suivi de l'Art du Plumassier, par madame CELNART : 1 vol. orné de figures. 2 fr. 50 c.

— FLEURS EMBLÉMATIQUES, ou leur Histoire, leur Symbole, leur Langage, etc., etc., par madame LENEVEUX : 1 vol. fig. noires. 3 fr.
Figures coloriées. 6 fr.

— FONDEUR SUR TOUS MÉTAUX, par M. LAUNAY, fondeur de la colonne de la place Vendôme (Ouvrage faisant suite au travail des Métaux) ; 2 vol. ornés d'un grand nombre de planches. 7 fr.

— FORGES (Maître de), ou l'Art de travailler le fer, par M. LANDRIN ; 2 vol. ornés de planches. 6 fr.

— GANTS (Fabricant de) dans ses rapports avec la Mégisserie et la Chamoiserie, par VALLET D'ARTOIS, ancien fabricant : 1 vol. 3 fr. 50 c.

— GARANTIE DES MATIÈRES D'OR ET D'ARGENT, par M. LACREZE, contrôleur à Paris : 1 vol. 1 fr. 75 c.

— GARDES-CHAMPÊTRES, FORESTIERS ET GARDES-PÊCHE, par M. BOYARD, président à la cour royale d'Orléans : 1 vol. 2 fr. 50 c.

— GARDES-MALADES et Personnes qui veulent se soigner elles-mêmes ou l'Ami de la santé, par M. le docteur MORIN : 1 vol. 2 fr. 50 c.

— GARDES NATIONAUX DE FRANCE, contenant l'École du Soldat et de Peloton, les Ordonnances, Règlements, etc., etc., par M. R. L. : 8e édition, 1 vol. 1 fr. 25 c.

— GÉOGRAPHIE DE LA FRANCE, divisée par bassins, par M. LORIOL (autorisé par l'Université) : 1 vol. 2 fr. 50 c.

— GÉOGRAPHIE GÉNÉRALE, par M. DEVILLIERS : 1 gros vol. de plus de 400 pages, orné de 7 jolies cartes. 3 fr. 50 c.

— GÉOGRAPHIE PHYSIQUE, par M. HUOT : 1 vol. 2 fr.

— GÉOLOGIE, par M. HUOT : 1 vol. 2 fr. 50 c.

— GÉOMÉTRIE, ou Exposition élémentaire des principes de cette science, par M. TERQUEM (Ouvrage autorisé par l'Université) ; 1 gros vol. 3 fr. 50 c.

— GNOMONIQUE, ou l'Art de tracer les cadrans. (Sous presse.)

— GRAVEUR, ou Traité complet de l'Art de la Gravure en tous genres, par M. PERROT : 1 vol. orné de planches. 3 fr.

— GRÈCE (Histoire de la) depuis les premiers siècles jusqu'à l'établissement de la domination romaine, par M. MATTER, inspecteur-général de l'Université. 1 vol. 3 fr.

— GYMNASTIQUE, par le colonel AMOROS (Ouvrage couronné par l'Institut, admis par l'Université et recommandé par le Congrès de Douay) ; 2 vol. et Atlas. 10 fr. 50 c.

— HABITANTS DE LA CAMPAGNE et Bonne Fermière, contenant tous les moyens de faire valoir de la manière la plus profitable les terres, le bétail, les récoltes, etc., par madame CELNART : 1 vol. 2 fr. 50 c.

— HERBORISTE, Épicier-Droguiste, Grainier Pépiniériste et Horticulteur, par MM. TOLLARD et JULIA DE FONTENELLE ; 2 gros vol. 7 fr.

— HISTOIRE NATURELLE, ou Genera complet des Animaux, des Végétaux et des Minéraux ; 2 gros vol. 7 fr.
ATLAS POUR LA BOTANIQUE, composé de 120 planches. Figures noires, 18 fr. ;
figures coloriées. 36 fr.

— POUR LES MOLLUSQUES, représentant les Mollusques nus et les Coquilles, 51 pl. figures noires, 7 fr. ; fig. coloriées 14 fr.

— Pour les Crustacés, 16 pl., fig. noires, 3 fr.; fig. coloriées. 6 fr.
— Pour les Insectes, 110 pl., fig. noires, 17 fr.; fig. coloriées. 34 fr.
— Pour les Mammifères, 80 pl., fig. noires, 12 fr.; fig. coloriées. 24 fr.
— Pour les Minéraux, 40 pl., fig. noires, 6 fr.; fig. coloriées. 12 fr.
— Pour les Oiseaux, 129 pl., fig. noires, 20 fr.; fig. coloriées. 40 fr.
— Pour les Poissons, 155 pl., fig. noires, 24 fr.; fig. coloriées. 48 fr.
— Pour les Reptiles, 54 pl., fig. noires, 9 fr.; fig. coloriées. 18 fr.
— Pour les Zoophytes, représentant la plupart des Vers et des Animaux-Plantes, 25 pl., fig. noires, 6 fr.; fig. coloriées. 12 fr.
— **HISTOIRE NATURELLE MÉDICALE ET DE PHARMACOGRAPHIE**, ou Tableau des Produits que la Médecine et les Arts empruntent à l'Histoire naturelle par M. LESSON, pharmacien en chef de la Marine à Rochefort; 2 vol. 5 fr.
— **HISTOIRE UNIVERSELLE**, depuis le commencement du monde jusqu'en 1836, par M. CAHEN, traducteur de la Bible; 1 vol. 2 fr. 50 c.
— **HORLOGER**, ou Guide des Ouvriers qui s'occupent de la construction des Machines propres à mesurer le temps, par MM. LENORMAND et JANVIER; 1 vol. orné de planches. 3 fr. 50 c.
— **HORLOGES** (Régulateur des). Montres et Pendules, par MM. BERTHOUD et JANVIER; 1 vol. 1 fr. 50 c.
— **HUILES** (fabricant et épurateur d'), par M. JULIA DE FONTENELLE; 1 vol. 3 fr.
— **HYGIÈNE**, ou l'Art de conserver sa santé, par le docteur MORIN; 1 vol. 3 fr.
— **INDIENNES** (fabricant d'), renfermant les Impressions des Laines, des Chalis et des Soies, par M. THILLAYE; 1 vol. 3 fr. 50 c.
— **INSTRUMENTS DE CHIRURGIE**. (Sous presse.)
— **INSTRUMENTS DE PHYSIQUE**, Chimie, Optique et Mathématique. Sous presse.)
— **JARDINIER**, ou l'Art de cultiver et de composer toutes sortes de Jardins, par M. BAILLY; 2 gros vol. ornés de planches. 5 fr.
— **JARDINIER DES PRIMEURS**, ou l'Art de forcer les Plantes à donner leurs fruits dans toutes les saisons, par MM. NOISETTE et LOITARD; 1 vol. orné de figures. 3 fr.
— **JAUGEAGE ET DÉBITANTS DE BOISSONS**; 1 vol. orné de fig.; (Voyez Vins.) 3 fr.
— **JEUNES GENS**, ou Sciences, Arts et Récréations qui leur conviennent, et dont ils peuvent s'occuper avec agrément et utilité, par M. VERGNAUD; 2 vol. ornés de fig. 6 fr.
— **JEUX DE CALCUL ET DE HASARD**, ou Nouvelle Académie des Jeux, c M. LEBRUN; 1 vol. 3 fr.
— **JEUX ENSEIGNANT LA SCIENCE**, ou Introduction à l'Étude de la Mécanique, de la Physique, etc., par M. RICHARD; 2 vol. 6 fr.
— **JEUX DE SOCIÉTÉ**, renfermant tous ceux qui conviennent aux deux sexes, par madame CELNART; 1 gros vol. 3 fr.
— **JUSTICES DE PAIX**, ou Traité des Compétences et Attributions tant anciennes que nouvelles, en toutes matières, par M. BIRET, ancien magistrat; 1 vol. 3 fr. 50 c.
— **LANGAGE** (Pureté du), par MM. BISCARRAT et BOULAGE; 1 vol. 2 fr. 50 c.
— **LANGAGE** (Pureté du), par M. BLONDIN; 1 vol. 1 fr. 50 c.
— **LATIN** (Classes élémentaires de), ou Thèmes pour les Huitième et Septième, par M. AMÉDÉE SCRIBE, ancien instituteur; 1 vol. 2 fr. 50 c.
— **LIMONADIER**, Glacier, Chocolatier et Confiseur, par MM. CARDELLI, LIONNET-CLEMANDOT et JULIA DE FONTENELLE; 1 gros vol. 2 fr. 50 c.
— **LITHOGRAPHE** (Dessinateur et Imprimeur), par M. BRÉGEAUT; 1 vol. 3 fr.
— **LITTÉRATURE** à l'usage des deux sexes, par madame D'HAUTPOUL; 1 vol. 1 fr. 75 c.

— **LUTHIER**, contenant la construction intérieure et extérieure des instruments à archets, par M. MAUGIN ; 1 vol. 2 fr. 50 c.
— **MACHINES A VAPEUR** appliqués à la Marine, par M. Janvier, officier de marine et ingénieur civil; 1 vol. 3 fr. 50 c.
Idem, appliqués à l'Industrie, par M. JANVIER ; 2 vol. 7 fr.
— **MAÇON, PLATRIER, PAVEUR, CARRELEUR, COUVREUR**, par M. TOUSSAINT, architecte ; 1 vol. 3 fr.
— **MAGIE NATURELLE ET AMUSANTE**, par M. VERGNAUD; 1 vol. 3 fr.
— **MAITRESSE DE MAISON ET MÉNAGÈRE PARFAITE**, par madame ELNART ; 1 vol. 2 fr. 50 c.
— **MAMMALOGIE**, ou Histoire naturelle des Mammifères, par M. LESSON, correspondant de l'Institut ; 1 gros vol. 3 fr. 50 c.
Atlas de Mammalogie, composé de 80 planches représentant la plupart des animaux décrits dans l'ouvrage ci-dessus ; figures noires. 12 fr.
Figures coloriées. 24 fr.
— **MARINE**, Gréement, Manœuvres du Navire et de l'Artillerie, par M. VERDIER, capitaine de corvette ; 2 vol. 5 fr.
— **MATHÉMATIQUES** (Applications usuelles et amusantes), par M. RIARD ; 1 gros vol. 3 fr.
— **MÉCANICIEN-FONTAINIER, POMPIER ET PLOMBIER**, par M. JANVIER et BISTON ; 1 vol. orné de planches. 3 fr.
— **MÉCANIQUE**, ou Exposition élémentaire des Lois de l'Equilibre et du Mouvement des Corps solides, par M. TERQUEM, officier de l'Université, professeur aux Ecoles royales d'Artillerie ; 1 gros vol. orné de planches. 3 fr. 50 c.
— **MÉCANIQUE** appliquée à l'Industrie ; première partie, Statique et Hydrostatique, par M. VERGNAUD ; 1 vol. 3 fr. 50 c.
Deuxième partie, Hydraulique, par M. JANVIER ; 1 vol. 3 fr.
— **MÉDECINE ET CHIRURGIE DOMESTIQUES**, par M. le docteur ORIN ; 1 vol. 3 fr. 50 c.
— **MÉNAGÈRE PARFAITE**. (Voyez Maîtresse de maison.)
— **MENUISIER**, Ebéniste et Layetier, par M. NOSBAN ; 2 vol avec pl. 6 fr.
— **MÈRE** (Jeune), ou Guide pour l'Education physique et morale des Enfants, par madame CAMPAN ; 1 vol. 3 fr.
— **MÉTAUX** (Travail des), Fer et Acier manufacturés, par M. VERGNAUD ; 2 vol. 6 fr.
— **MÉTÉOROLOGIE**, ou Explication des Phénomènes connus sous le nom de Météores, par M. FELLENS, professeur ; 1 vol. orné de planches. 3 fr. 50 c.
— **MICROSCOPE** (Observateur au), précédé d'une Exposition détaillée des principes de la construction de cet instrument. (Sous presse.)
— **MILITAIRE** (Art), par M. VERGNAUD ; 1 vol. orné de fig. 3 fr. 50 c.
— **MINÉRALOGIE**, ou Traité élémentaire de cette science, par MM. BLONDEAU et JULIA DE FONTENELLE ; 1 gros vol. avec fig. 3 fr. 50 c.
Atlas de Minéralogie, composé de 50 planches représentant la plupart des Minéraux décrits dans l'ouvrage ci-dessus ; figures noires. 6 fr.
Figures coloriées. 12 fr.
— **MINIATURE**, Gouache, Lavis a la Sepia et Aquarelle, par MM. CONSTANT VIGUIER et LANGLOIS DE LONGUEVILLE, 1 gros vol. orné de planches. 3 fr.
— **MOLLUSQUES** (Histoire naturelle des) et de leurs Coquilles, par M. SANDER RANG, officier de marine ; 1 gros vol. orné de pl. 3 fr. 50 c.
Atlas pour les Mollusques, représentant les Mollusques nus et les Coquilles, 51 planches ; fig. noires, 7 fr. ; fig. coloriées. 14 fr.
— **MORALISTE**, ou Pensées et Maximes instructives pour tous les âges de la vie, par M. TREMBLAY ; 2 vol. 5 fr.
— **MOULEUR**, ou l'Art de mouler en plâtre, carton, carton-pierre, carton-

cuir, cire, plomb, argile, bois, écaille, corne, etc., etc., par **M. LEBRUN** 1 vol. orné de fig. 2 fr. 50 c

— **MOULEUR EN MEDAILLES**, etc., par M. ROBERT: 1 vol. 1 fr. 50 c

— **MUNICIPAUX** (Officiers), ou Nouveau Guide des Maires, Adjoints e Conseillers municipaux, par M. BOYARD, président à la Cour royale d'Or léans : 1 gros vol. 3 fr

— **MUSIQUE**, ou Grammaire contenant les principes de cet Art, par M. LE D'HUY : 1 vol. avec 48 pages de musique. 1 fr. 50 c

— **MUSIQUE VOCALE ET INSTRUMENTALE**, ou Encyclopédie mu sicale, par CHORON, ancien directeur de l'Opéra, fondateur du Conservatoir de Musique classique et religieuse, et M. DE LAFAGE, professeur de chan et de composition.

DIVISION DE L'OUVRAGE.

Ire PARTIE. — EXÉCUTION.

		fr.	c.
LIVRE I. Connaissances élémentaires. Sect. 1. Sons, Notations. — 2. Instruments, exécution.	1 volume avec Atlas.	5	»

IIe PARTIE. — COMPOSITION.

| — 2. De la Composition en général, et en particulier de la Mélodie. — 3. De l'Harmonie. — 4. Du Contre-point. — 5. Imitation. — 6. Instrumentation. — 7. Union de la Musique avec la Parole. — 8. Genres. Sect. 1. Vocale. { Eglise. Chambre ou Concert. Théâtre. — 2. Instru- { particulière. mentale } générale. | 3 volumes avec Atlas. | 20 | » |

IIIe PARTIE. — COMPLÉMENT OU ACCESSOIRE.

| — 9. Théorie physico-mathématique — 10. Institutions. — 11. Histoire de la Musique. — 12 Bibliographie. Resumé général. | 2 volumes avec Atlas. | 10 | 50 |

SOLFÉGES, MÉTHODE.

	fr.	c.
Solfége d'Italie.	12	»
— de Rodolphe.	4	»
Méthode de Violon.	3	»
— d'Alto.	1	»
— de Violoncelle.	4	50
— de Contre-basse.	1	25
— de Flûte.	5	»
— de Hautbois. — de Cor anglais. }	1	75

thode de Clarinette.   1 50
  — de Cor.   1 75
  — de Basson.   1 50
  — de Serpent.   1 50
  — de Trompette et Trombonne.   . 75
  — d'Orgue.   8 50
  — de Piano.   4 50
  — de Harpe.   3 50
  — de Guitare.   3   ,
  — de Flageolet.   3   ,

— MYTHOLOGIES, grecque, romaine, égyptienne, syrienne, africaine, etc.,
M. DUBOIS. *Ouvrage autorisé par l'Université.* 2 fr. 50 c.
— NAGEURS, Baigneurs, Fabricants d'eaux minérales et des Pédicures,
M. JULIA DE FONTENELLE; 1 vol. 3 fr.
— NATURALISTE PRÉPARATEUR, ou l'Art d'empailler les Animaux, conserver les Végétaux et les Minéraux, de préparer les pièces d'Anatomie d'embaumer, par M. BOITARD, 1 vol. 3 fr.
— NÉGOCIANT ET MANUFACTURIER, par M. PEUCHET; 1 vol.
2 fr. 50 c.
— OCTROIS et autres Impositions indirectes, par M. BIRET; 1 vol.
3 fr. 50 c.
— ONANISME (dangers de l'), par M. DOUSSIN-DUBREUIL; 1 vol.
1 fr. 25 c
— OPTIQUE, par BREWSTER et VERGNAUD; 2 vol. 6 fr.
— ORGANISTE, ou Nouvelle Méthode pour exécuter sur l'orgue tous les ices de l'année, etc., par M. MINÉ, organiste à Saint-Roch; 1 vol. oblong,
3 fr. 50 c.
— ORGUES (facteurs d'), par M. MINÉ. (*Sous presse.*)
— ORNITHOLOGIE, ou Description des genres et des principales espèces iseaux, par M. LESSON, correspondant de l'Institut; 2 gros vol. 7 fr.
ATLAS D'ORNITHOLOGIE, composé de 129 planches représentant les oiux décrits dans l'ouvrage ci-dessus; figures noires. 20 fr.
Figures coloriées. 40 fr.
— ORNITHOLOGIE DOMESTIQUE, ou Guide de l'Amateur des oiseaux volière, par M. LESSON, correspondant de l'Institut; 1 vol. 2 fr. 50 c.
— ORTHOGRAPHISTE, ou Cours théorique et pratique d'Orthographe, r M. THIERRY; 1 vol. 2 fr. 50 c.
— PAPETIER ET RÉGLEUR (marchand), par MM. JULIA DE FONTENELLE et POISSON; 1 gros vol. avec planches. 3 fr.
— PAPIERS (fabricant de), Carton et Art du Formaire, par M. LENORMAND; 2 vol. et Atlas. 10 fr. 50 c.
— PARFUMEUR, par madame CELNART; 1 vol. 2 fr. 50 c.
— PARIS (Voyageur dans), ou Guide dans cette capitale, par M. LEBRUN; gros vol. orné de fig. 3 fr. 50 c.
— PARIS (Voyageur aux environs de), par M. DEPATY; 1 vol. avec ures. 3 fr.
— PATISSIER ET PATISSIÈRE, ou Traité complet et simplifié de Pâtisserie de ménage, de boutique et d'hôtel, par M. LEBLANC; 1 vol.
2 fr. 50 c.
— PÊCHEUR, ou Traité général de toutes sortes de pêches, par M. PESON-MAISONNEUVE; 1 vol. orné de planches. 3 fr.
— PEINTRE D'HISTOIRE ET SCULPTEUR, ouvrage dans lequel on ite de la philosophie de l'Art et des moyens pratiques, par M. ARSENNE, intre; 2 vol. 6 fr.
— PEINTRE EN BATIMENTS, Fabricant de Couleurs, Vitrier, Doreur et rnisseur, par M. VERGNAUD; 1 vol. 2 fr. 50 c.
— PERSPECTIVE, Dessinateur et Peintre, par M. VERGNAUD, capitaine rtillerie; 1 vol. orné d'un grand nombre de pl. 3 fr.

— PHARMACIE POPULAIRE, simplifiée et mise à la portée de tout les classes de la société, par M. JULIA DE FONTENELLE; 2 vol. 6 f

— PHILOSOPHIE EXPÉRIMENTALE, à l'usage des colléges et des gens du monde, par M. AMICE, regent dans l'Académie de Paris, 1 gr. vol. 3 fr. 50 c

— PHYSIOLOGIE VÉGÉTALE, Physique, Chimie et Minéralogie appliquées à la culture, par M. BOITARD; 1 vol. orné de planches. 3 f

— PHYSIONOMISTE ET PHRÉNOLOGISTE, ou les Caractères dévoilés par les signes extérieurs, d'après Lavater, par MM. H. CHAUSSIER fils et le docteur MORIN; 1 vol. 3 fr

PHYSIONOMISTE DES DAMES, d'après Lavater, par un amateur 1 vol.
Figures noires. 1 fr. 50 c | Figures coloriées. 3 f

— PHYSIQUE, ou Elements abrégés de cette Science mise à la portée des gens du monde et des étudiants, par M. BAILLY; 1 vol. 2 fr. 50 c

— PHYSIQUE AMUSANTE, ou Nouvelles Récréations physiques, par M. JULIA DE FONTENELLE; 1 vol. orné de planches. 3 fr. 50 c

— PLAIN-CHANT ECCLÉSIASTIQUE, romain et français, par M. MINÉ organiste à Saint-Roch; 1 vol 2 fr. 50 c

— POÉLIER-FUMISTE, indiquant le moyen d'empêcher les cheminées de fumer, de chauffer économiquement et d'aérer les habitations les ateliers, etc., par MM. ARDENNI et JULIA DE FONTENELLE; 1 vol 3 fr

— POIDS ET MESURES, Monnaies, Calcul decimal et Verification, par M. TARBÉ, avocat général à la Cour de Cassation: *approuvé par le Ministre du Commerce, l'Université, la Société d'Encouragement,* etc. 1 vol. 3 fr

— Petit Manuel à l'usage des ouvriers et des Ecoles, *avec tables de conversions,* par M. TARBÉ. 25 c

— Petit Manuel des pour l'enseignement élémentaire, *sans tables de conversions,* par M. TARBÉ *Approuvé par l'Université*. 25 c

— Petit Manuel à l'usage des Agents Forestiers, des Propriétaires et Marchands de bois, par M. TARBÉ. 75 c

— Atlas des poids et mesures, conforme à l'édition officielle, publié par M. TARBÉ. 6 fr

— Poids et mesures à l'usage des Médecins, etc., par M. TARBÉ. 25 c
— Tableau synoptique des Poids et Mesures, par M. TARBÉ. 75 c
— Tableau des poids et mesures, par M. TARBÉ. 75 c

POIDS ET MESURES, Manuel Compte-Faits, ou barème général des Poids et Mesures, par M. ACHELET NOUHEN. Ouvrage divisé en cinq parties qui se vendent toutes séparément.

1re partie : Mesures de Longueur. Côté du pied. Poids. 60 c.
2e partie, — de Surface. Côté du pouce. Mesure de Capacité. 60 c.
3e partie, — de Solidité. Côté.

— POLICE DE LA FRANCE, par M. TRUY, commissaire de police de Paris; 1 vol. 2 fr. 50 c.

— PONTS-ET-CHAUSSÉES : première partie, Routes et Chemins, par M. DE GAYFFIER, ingénieur des Ponts-et-Chaussées. 1 vol. avec fig. 3 fr. 50 c.
La seconde partie contient les Ponts, Aqueducs, etc. 3 fr. 50 c.

— PORCELAINIER, Faïencier et Potier de terre, suivi de l'Art de fabriquer les Poëles, les Pipes, les Carreaux, les Briques et les Tuiles, par M. BOYER, ancien fabricant ; 2 vol. 6 fr.

— PRATICIEN, ou Traité de la Science du Droit mise à la portée de tout le monde, par MM. D..... et BONJONNEAU ; 1 gros vol. 3 fr. 50 c.

— PROPRIÉTAIRE ET LOCATAIRE, ou Sous-Locataire, tant de biens de ville que de biens ruraux, par M. SERGENT ; 1 vol. 2 fr. 50 c.

— RELIEUR dans toutes ses parties, contenant les Arts d'assembler, de satiner, de brocher et de dorer, par M. SEB. LENORMAND et M. R ; 1 gros vol. orné de planches. 3 fr.

— ROSES (l'Amateur de), leur Monographie, leur Histoire et leur Culture par M. BOITARD; 1 vol. fig. noires, 4 fr. 50 c.; fig. coloriées 7 fr.

— SAPEURS-POMPIERS, ou l'Art de prévenir et d'arrêter les Incendies, par MM. JOLY, LAUNAY et PAULIN, commandant les Sapeurs-Pompiers de Paris; 1 vol. orné de fig. 1 fr. 50 c.

— **SAVONNIER**, ou l'Art de faire toutes sortes de Savons, par M. THILLAYE, professeur de Chimie industrielle ; 1 vol. orné de fig. 3 fr.

— **SERRURIER**, ou Traité complet et simplifié de cet Art, par MM. B. et G., serruriers ; 1 vol. orné de planches 3 fr.

— **SOIERIE**, contenant l'Art d'élever les Vers à soie et de cultiver le Mûrier, l'Histoire, la Géographie et la Fabrication des Soieries à Lyon ainsi que dans les autres localités nationales et étrangères, par M. DEVILLIERS: 2 vol. et Atlas. 10 fr. 50 c.

— **SOMMELIER**, ou la Manière de soigner les Vins, par M. JULIEN ; 1 vol. 3 fr.

— **SORCIERS**, ou la Magie blanche dévoilée par les découvertes de la Chimie, de la Physique et de la Mécanique, par MM. COMTE et JULIA DE FONTENELLE ; 1 gros vol. orné de planches. 3 fr.

— **SUCRE ET RAFFINEUR** (fabricant de), par MM. BLACHETTE, ZOEGA et JULIA DE FONTENELLE; 1 vol. orné de figures. 3 fr. 50 c.

— **STÉNOGRAPHIE**, par M. H. PREVOST 1 vol. 1 fr. 75 c.

— **TAILLE-DOUCE** (Imprimeur en), par MM. BERTHIAUD et BOITARD, 1 vol. 3 fr.

— **TAILLEUR D'HABITS**, contenant la manière de tracer, couper et confectionner les Vêtements, par M. VANDAEL, tailleur ; 1 v orné de pl. 2 fr. 50 c.

TANNEUR, CORROYEUR, HONGROYEUR ET BOYAUDIER, par M. JULIA DE FONTENELLE; 1 vol. orné de planches. 3 fr. 50 c.

— **TAPISSIER**, Décorateur et Marchand de Meubles, par M. GARNIER AUDIGER, ancien vérificateur du Garde-Meuble de la Couronne; 1 vol. orné de fig. 2 fr. 50 c.

— **TEINTURIER**, contenant l'art de Teindre en Laine, Soie, Coton, Fil, etc., par MM. VERGNAUD et THILLAYE; 1 gros vol. 3 fr.

— **TEMPS** (de la Division du) chez les principaux Peuples anciens et modernes, par M. MARCUS (Sous presse.)

— **TENEUR DE LIVRES**, renfermant un Cours de tenue de Livres à partie simple et à partie double, par M. TREMERY. Autorisé par l'Université. 1 v. 3 fr.

— **TOISEUR EN BATIMENTS** : première partie : Terrasse et Maçonnerie, par M. LEBOSSU, architecte-expert; 1 vol. 2 fr. 50 c.

— Deuxième partie : Menuiserie, Peinture, Tenture, Vitrerie, Dorure, Charpente, Serrurerie, Couverture, Plomberie, Marbrerie, Carrelage, Pavage, Poêlerie, Fumisterie, etc., par M. LEBOSSU; 1 vol. 2 fr. 50 c.

— **TONNELIER ET BOISSELIER**, suivi de l'Art de faire les Cribles, Tamis, Soufflets, Formes et Sabots, par M. ESORMEAUX; 1 vol. 3 fr.

— **TOURNEUR**, ou Traité complet et simplifié de cet Art, d'après les renseignements de plusieurs Tourneurs de la capitale: 2 vol. avec pl. 6 fr. SUPPLÉMENT à cet ouvrage, un joli volume avec atlas (sous-presse).

— **TREILLAGEUR ET MENUISIER DES JARDINS**, par M. DESORMEAUX; 1 vol. 3 fr

— **TYPOGRAPHIE, FONDERIE.** (Sous presse.)

— **TYPOGRAPHIE, IMPRIMERIE**, par M. FREY, ancien prote; 2 v 5 fr.

— **VERRIER ET FABRICANT DE GLACES**, Cristaux, Pierres précieuses factices, Verres colorés, Yeux artificiels, par M. JULIA DE FONTENELLE; 1 gros vol. orné de planches. 3 fr.

— **VÉTÉRINAIRE**, contenant la connaissance des chevaux, la Manière de les élever, les dresser et les conduire, la Description de leurs maladies, les meilleurs modes de traitement, etc., par M. LEBEAU et un ancien professeur d'Alfort ; 1 vol. 3 fr.

— **VIGNERON FRANÇAIS**, ou l'Art de cultiver la Vigne, de faire les Vins, les Eaux de vie et Vinaigres, par M. THIÉBAUT DE BERNEAUD ; 1 vol. avec Atlas. 3 fr. 50 c.

— **VINAIGRIER ET MOUTARDIER**, par M. JULIA DE FONTENELLE, 1 vol. 3 fr.

— **VINS** (marchand de), Débitants de Boissons et Jaugeage, par M. LAUDIER, 1 vol. 3 fr.

— **ZOOPHILE**, ou l'Art d'élever et de soigner les animaux domestiques (Voyez Bouvier); 1 vol. 2 fr. 50 c.

NOUVELLES
SUITES A BUFFON

FORMANT

AVEC LES ŒUVRES DE CET AUTEUR

UN COURS COMPLET
D'HISTOIRE NATURELLE

embrassant

LES TROIS RÈGNES DE LA NATURE.

Belle édition. — Format in-8°.

Les possesseurs des Œuvres de BUFFON pourront, avec ces SUITES, compléter toutes les parties qui leur manquent, chaque ouvrage se vendant séparément, et formant, tous réunis, avec les travaux de cet homme illustre, un ouvrage général sur l'histoire naturelle.

Cette publication scientifique du plus haut intérêt, préparée en silence depuis plusieurs années, et confiée à ce que l'Institut et le haut enseignement possèdent de plus célèbres naturalistes et de plus habiles écrivains, est appelée à faire époque dans les annales du monde savant.

Les noms des auteurs indiqués ci-après sont pour le public une garantie certaine de la conscience et du talent apportés à la rédaction des différents traités.

ANATOMIE COMPARÉE, par M.
PHYSIOLOGIE COMPARÉE, par M.
CÉTACÉS (Baleines, Dauphins, etc.), ou Recueil et examen des faits dont se compose l'histoire de ces animaux, par M. F. CUVIER, membre de l'Institut, professeur au Muséum d'Histoire naturelle, etc.; 1 vol in-8 avec 22 pl. (*Ouvrage terminé*). Prix: fig. noires. 12 fr. 50 c.
Fig. coloriées. . . . . 18 fr. 50 c.
REPTILES (Serpents, Lézards, Grenouilles, Tortues, etc.), par M. DUMÉRIL, membre de l'Institut, professeur à la Faculté de Médecine et au Muséum d'Histoire naturelle, et M. BIBRON, professeur d'histoire naturelle. 8 vol. et 8 livraisons de planches.
Les tomes 1 à 5 et 8 sont en vente; les tomes 6 et 7 paraîtront incessamment.
POISSONS, par M.
ENTOMOLOGIE (Introduction à l'), comprenant les principes généraux de l'Anatomie et de la Physiologie des Insectes, des détails sur leurs mœurs, et un résumé des principaux systèmes de classification, etc., par M. LACOR-

DAIRE, professeur d'histoire naturelle à Liége (*Ouvrage terminé, adopté et recommandé par l'Université pour être placé dans les bibliothèques des Facultés et des Colléges, et donné en prix aux élèves*); 2 vol. in-8 et 24 pl. fig. noires. 19 fr.
Figures coloriées. 22 fr.
INSECTES COLÉOPTÈRES (Cantharides, Charançons, Hannetons, Scarabées, etc.), par M.
— **ORTHOPTÈRES** (Grillons, Criquets, Sauterelles), par M. SERVILLE, ex-président de la Société entomologique de France; 1 vol. et 14 pl. Prix : figures noires, 9 fr. 50 c., et figures coloriées, 12 fr. 50 c. (*Ouvrage terminé.*)
— **HÉMIPTÈRES** (Cigales, Punaises, Cochenilles, etc.), par M. SERVILLE.
— **LÉPIDOPTÈRES** (Papillons), par M. le docteur BOISDUVAL; tome 1er avec 2 livraisons de planches. Prix : fig. noires. 12 fr. 50 c.
Figures coloriées. 18 fr. 50 c.
— **NÉVROPTÈRES** (Demoiselles, Éphémères, etc.), par M. le docteur AMBUR.
— **HYMÉNOPTÈRES** (Abeilles, Guêpes, Fourmis, etc.) par M. le comte LEPELETIER DE SAINT-FARGEAU; tome 1er et une livraison de planches. Prix : fig. noires, 9 fr. 50 c.; fig coloriées. 12 fr. 50 c.
— **DIPTÈRES** (Mouches, Cousins, etc.), par M. MACQUART, directeur du Muséum d'Histoire naturelle de Lille : 2 vol. in-8 et 24 planches. (*Ouvrage terminé*). Prix : fig. noires, 19 fr.; fig. coloriées. 25 fr.
— **APTERES** (Araignées, Scorpions, etc.), par M. le baron WALCKENAER, membre de l'Institut : tome 1 avec 3 cahiers de planches. Prix : fig. noires, 15 fr. 50 c.; fig. coloriées. 24 fr. 50 c.
Le tome 2 et dernier paraîtra en 1840.
CRUSTACÉS (Écrevisses, Homards, Crabes, etc.), comprenant l'Anatomie, la Physiologie et la Classification de ces Animaux, par M. MILNE-EDWARDS, membre de l'Institut, professeur d'histoire naturelle, etc. ; tomes 1 et 2 avec 2 livraisons de planches. Prix : fig. noires, 19 fr.; fig. coloriées, 25 fr.
Le tome 3 et dernier paraîtra en 1840.
MOLLUSQUES (Moules, Huîtres, Escargots, Limaces, Coquilles, etc.), par M. DE BLAINVILLE, membre de l'Institut, professeur au Muséum d'Histoire naturelle, etc., etc.
ANNÉLIDES (Sangsues, etc.), par M.
VERS INTESTINAUX (Ver Solitaire, etc.), par M.
ZOOPHYTES ACALÈPHES (Pulsale, Béroé, Angèle, etc.) par M. LESSON, correspondant de l'Institut, pharmacien en chef de la Marine, à Rochefort.
— **ÉCHINODERMES** (Oursins, Palmettes, etc.), par M. LACORDAIRE, professeur d'histoire naturelle à Liége.
— **POLYPIERS** (Coraux, Gorgones, Éponges, etc.), par M. MILNE-EDWARDS, membre de l'Institut, professeur d'histoire naturelle, etc.
— **INFUSOIRES** (Animalcules microscopiques), par M. DUJARDIN, professeur d'histoire naturelle à Toulouse.
BOTANIQUE (Introduction à l'étude de la), ou Traité élémentaire de cette science, contenant l'Organographie, la Physiologie, etc., etc., par M. ALPH. DE CANDOLLE, professeur d'histoire naturelle à Genève (*Ouvrage terminé, autorisé par l'Université pour les colléges royaux et communaux*); 2 vol. et 8 pl. Prix. 16 fr
VÉGÉTAUX PHANÉROGAMES (à Organes sexuels apparents, Arbres, Arbrisseaux, Plantes d'agrément, etc.), par M. SPACH, aide-naturaliste au Muséum d'Histoire naturelle ; tomes 1 à 8, et 14 livraisons de planches. Prix : fig. noires. 94 fr.; fig. coloriées. 136 fr.
— **CRYPTOGAMES**, à Organes sexuels peu apparents ou cachés, Mousses, Fougères, Lichens, Champignons, Truffes, etc., par M. BRÉBISSON, de Falaise.
GÉOLOGIE (Histoire, Formation et Disposition des Matériaux qui composent l'écorce du Globe terrestre), par M. HUOT, membre de plusieurs Sociétés

savantes; 2 vol. ensemble de plus de 1500 pages (*Ouvrage terminé*). Prix, avec un Atlas de 24 planches. 19 fr.

MINÉRALOGIE (Pierres, Sels, Métaux, etc.), par M. ALEX. BRONGNIART, membre de l'Institut, professeur au Muséum d'Histoire naturelle, etc., et M. DELAFOSSE, maître des conférences à l'Ecole Normale, aide-naturaliste, etc., au Muséum d'Histoire naturelle.

CONDITIONS DE LA SOUSCRIPTION.

Les **SUITES à BUFFON** formeront cinquante-cinq volumes in-8 environ, imprimés avec le plus grand soin et sur beau papier ; ce nombre paraît suffisant pour donner à cet ensemble toute l'étendue convenable. Ainsi qu'il a été dit précédemment, chaque auteur s'occupant depuis long temps de la partie qui lui est confiée, l'éditeur sera à même de publier en peu de temps la totalité des traités dont se composera cette utile collection.

En mars 1840, 28 volumes sont en vente, avec 37 livraisons de planches.

Les Personnes qui voudront souscrire pour toute la Collection auront la liberté de prendre par portion jusqu'à ce qu'elles soient au courant de tout ce qui est paru.

POUR LES SOUSCRIPTEURS A TOUTE LA COLLECTION :

Prix du texte, chaque vol. (1) d'environ 500 à 700 pages. 5 fr. 50 c.
Prix de chaque livraison d'environ 10 pl. noires. 3 fr.
— coloriées. 6 fr.

Nota. — Les Personnes qui souscriront pour des parties séparées, paieront chaque volume 6 fr. 50 c. Le prix des volumes papier vélin sera double du papier ordinaire.

---

(1) L'Editeur ayant à payer pour cette collection des honoraires aux auteurs, le prix des volumes ne peut être comparé à celui des réimpressions d'ouvrages appartenant au domaine public et exempts de droits d'auteurs, tels que Buffon, Voltaire, etc. etc.

BUFFON
MIS AU NIVEAU DES CONNAISSANCES ACTUELLES
PAR UN COMPLÉMENT,
et formant avec
LES SUITES
UN COURS COMPLET D'HISTOIRE NATURELLE.

Première partie. **OEUVRES COMPLÈTES DE BUFFON** contenant l'histoire des *Mammifères* et des *Oiseaux* (1).

Deuxième partie. **COMPLÉMENT**, contenant l'Histoire des progrès des sciences depuis 1789, par M. le baron CUVIER, 5 vol. Prix : 22 fr. 50 c.; et l'Histoire des mammifères et des Oiseaux découverts depuis la mort de Buffon, par M. LESSON, 10 vol. avec pl. Prix, fig. noires : 75 fr. et coloriées : 105 fr. En tout 15 vol. et 10 livrais. de planches.

Troisième partie. **SUITES**, contenant l'histoire naturelle des *Poissons*, par M. ; des *Cétacés*, par M. F. CUVIER; des *Reptiles*, par MM. DUMÉRIL et BIBRON; des *Mollusques*, par M. DE BLAINVILLE; des *Crustacés*, par M. MILNE-EDWARDS; des *Arachnides*, par M. WALCKENAER; des *Insectes*, par MM. BOISDUVAL, LACORDAIRE, MACQUART, RAMBUR, DE SAINT FARGEAU et SERVILLE; des *Vers et Zoophytes*, par MM. DUJARDIN, LESSON, LACORDAIRE, et MILNE-EDWARDS; de la *Botanique*, par MM. DE CANDOLLE, SPACH et DE BRÉBISSON; de la *Géologie*, par M. HUOT; de la *Minéralogie*, par MM. BRONGNIART et DELAFOSSE.

Cette publication se divise en trois parties distinctes, savoir :

Première partie. **OEUVRES COMPLÈTES DE BUFFON** (1).

Deuxième partie. **COMPLÉMENT A BUFFON**, 15 vol. in-8°. Prix de chaque volume : 4 fr. 50 c., 10 livraisons d'environ 10 planches chacune. Prix : 3 fr. la livraison figures noires, et 6 fr. figures coloriées.

Troisième partie. **SUITES A BUFFON** (M. RORET, éditeur), 55 vol. in 8° environ. Prix de chaque volume : 5 fr. 50 c., et de chaque livraison d'environ 10 planches : 3 fr. figures noires, et 6 fr. figures coloriées.

Il paraît une livraison d'un volume par mois.

Les personnes qui souscriront pour des parties séparées des **SUITES A BUFFON** payeront chaque volume 6 fr. 50 c. Le prix des volumes sera double sur grand papier vélin.

ON SOUSCRIT SANS RIEN PAYER D'AVANCE.

---

(1) Grand nombre d'éditions au choix sont à la disposition du public, chez M. RORET, Libraire, rue Hautefeuille, n. 10 bis.

ANCIENNE COLLECTION

DES

SUITES DE BUFFON,

FORMAT IN-18,

Formant avec les Œuvres de cet auteur

UN COURS COMPLET D'HISTOIRE NATURELLE,

CONTENANT LES TROIS RÈGNES DE LA NATURE;

Par Messieurs

BOSC, BRONGNIART, BLOCH, CASTEL, GUÉRIN, DE LAMARCK, LATREILLE, DE MIRBEL, PATRIN, SONNINI et DE TIGNY;

La plupart membres de l'Institut et professeurs au Jardin-du-Roi.

Cette Collection, primitivement publiée par les soins de M. Déterville, et qui est devenue la propriété de M. Roret, ne peut être donnée par d'autres éditeurs, n'étant pas, comme les Œuvres de Buffon, dans le domaine public.

Les personnes qui auraient les suites de Lacépède, contenant seulement les Poissons et les Reptiles, auront la liberté de ne pas les prendre dans cette collection.

Cette Collection forme 54 volumes, ornés d'environ 600 planches, dessinées d'après nature par Desève, et précieusement terminées au burin. Elle se compose des ouvrages suivants:

HISTOIRE NATURELLE DES INSECTES, composée d'après Réaumur, Geoffroy, Degeer, Roesel, Linné, Fabricius, et les meilleurs ouvrages qui ont paru sur cette partie, rédigée suivant les méthodes d'Olivier de Latreille, avec des notes, plusieurs observations nouvelles et des figures dessinées d'après nature ; par F. M.-G. DE TIGNY et BRONGNIART pour les généralités. Édition ornée de beaucoup de figures, augmentée et mise au niveau des connaissances actuelles, par M. GUÉRIN. 10 vol. ornés de planches, figures noires. 23 fr. 40 c.

Le même ouvrage figures coloriées. 39 fr.

— **NATURELLE DES VÉGÉTAUX**, classés par familles, avec la citation de la classe et de l'ordre de Linné, et l'indication de l'usage qu'on peut faire des plantes dans les arts, le commerce, l'agriculture, le jardinage, la médecine, etc. des figures dessinées d'après nature, et un GENRE complet, selon le système de Linné, avec des renvois aux familles naturelles de Jussieu; par J. B. LAMARCK, membre de l'Institut, professeur au Muséum d'Histoire naturelle, et par C.-F. B. MIRBEL, membre de l'Académie des Sciences, professeur de botanique. Édition ornée de 120 planches représentant plus de 1600 sujets. 15 vol., ornés de planches, figures noires. 30 fr. 90 c.

Le même ouvrage figures coloriées. 46 fr. 50 c.

HISTOIRE NATURELLE DES COQUILLES, contenant leur description, leurs mœurs et leurs usages ; par M. BOSC, membre de l'Institut. 5 vol., ornés d planches, figures noires.   10 fr. 65 c.

Le même ouvrage, figures coloriées.   16 fr. 50 c.

— **NATURELLE DES VERS**, contenant leur description, leurs mœurs et leurs usages ; par M. BOSC. 3 vol. ornés de planches, figures noires. 6 fr. 60 c.

Le même ouvrage, figures coloriées.   10 fr. 50 c.

— **NATURELLE DES CRUSTACÉS**, contenant leur description, leurs mœurs et leurs usages ; par M. BOSC. 2 vol. ornés de planches, figures noires.   4 fr. 75 c.

Le même ouvrage, figures coloriées.   8 fr.

— **NATURELLE DES MINÉRAUX**, par M. E.-M. PATRIN, membre de l'Institut. Ouvrage orné de 40 planches, représentant un grand nombre de sujets dessinés d'après nature. 5 volumes ornés de planches, figures noires.   10 fr. 30 c.

Le même ouvrage, figures coloriées.   16 fr. 50 c.

— **NATURELLE DES POISSONS**, avec des figures dessinées d'après nature, par BLOCH ; ouvrage classé par ordres, genres et espèces, d'après le système de Linné avec les caractères génériques ; par René-Richard CASTEL. Edition ornée de 160 planches représentant 600 espèces de poissons (10 volumes).   26 fr. 20 c.

Avec figures coloriées.   47 fr.

— **NATURELLE DES REPTILES**, avec des figures dessinées d'après nature, par SONNINI homme de lettres et naturaliste, et LATREILLE, membre de l'Institut. Edition ornée de 54 planches, représentant environ 150 espèces différentes de serpents, vipères, couleuvres, lézards, grenouilles, tortues, etc. 4 vol. de planches, figures noires.   9 fr. 85 c.

Le même ouvrage, figures coloriées.   17 fr.

Cette collection de 54 volumes a été annoncée en 108 demi-volumes; on les enverra ochés de cette manière aux personnes qui en feront la demande.

Tous les ouvrages ci-dessus sont en vente.

OUVRAGES D'HISTOIRE NATURELLE.

ANNALES (NOUVELLES) DU MUSÉUM D'HISTOIRE NATURELLE, recueil de mémoires de MM. les professeurs administrateurs de cet établissement et autres naturalistes célèbres, sur les branches des sciences naturelles et chimiques qui y sont enseignées. Années 1832 à 1835, 4 vol. in-4 ; prix, 30 fr. chaque volume.

MÉMOIRES DE LA SOCIÉTÉ D'HISTOIRE NATURELLE de Paris; 5 vol. in-4 avec planches ; prix, 20 fr. chaque volume.

AMERICAN ORNITHOLOGY, or the natural history of Bird inhabiting the united states, not given by wilson, with figures drawn, engraved and coloured, from nature; by Charles-Lucien BONAPARTE. Édition originale, Philadelphie, 1828, 4 vol. grand in-8, relié. 400 fr.

AVENIR PHYSIQUE DE LA TERRE (DISCOURS SUR L'), par MARCEL DE SERRES, professeur de minéralogie et de géologie à la Faculté des Sciences de Montpellier, in-8; prix 2 fr. 50 c.

COLLECTION ICONOGRAPHIQUE ET HISTORIQUE DES CHENILLES, ou Description et figures des chenilles d'Europe, avec l'histoire de leurs métamorphoses et des applications à l'agriculture ; par MM. BOISDUVAL, RAMBUR et GRASLIN.

Cette collection se composera d'environ 70 livraisons format grand in-8, et chaque livraison comprendra trois planches coloriées et le texte correspondant.

Le prix de chaque livraison est de 3 fr. sur papier vélin, et franche de port 3 fr. 25 c. — 42 livraisons ont déjà paru.

Les dessins des espèces qui habitent les environs de Paris, comme aussi ceux des chenilles que l'on a envoyées vivantes à l'auteur, ont été exécutés avec autant de précision que de talent. L'on continuera à dessiner toutes celles que l'on pourra se procurer en nature. Quant aux espèces propres à l'Allemagne, la Russie, la Hongrie, etc., elles seront peintes par les artistes les plus distingués de ces pays.

Le texte est imprimé sans pagination; chaque espèce aura une page séparée, que l'on pourra classer comme on voudra. Au commencement de chaque page se trouvera le même numéro qu'à la figure qui s'y rapportera, et en titre le nom de la tribu, comme en tête de la planche.

Cet ouvrage, avec l'Icones des lépidoptères de M. Boisduval, de beaucoup supérieurs à tout ce qui a paru jusqu'à présent, forment un supplément et une suite indispensable aux ouvrages de Hubner, de Godart, etc. Tout ce que nous pouvons dire en faveur de ces deux ouvrages remarquables peut se réduire à cette expression employée par M. Dejean dans le cinquième volume de son Species : M. Boisduval est de tous nos entomologistes celui qui connait le mieux les lépidoptères.

COUPE THÉORIQUE DES DIVERS TERRAINS, ROCHES ET MINÉRAUX QUI ENTRENT DANS LA COMPOSITION DU SOL DU BASSIN DE PARIS ; par MM. CUVIER et Alexandre BRONGNIART. Une feuille In-fol. 2 fr. 50 c.

COURS D'ENTOMOLOGIE, ou de l'Histoire naturelle des crustacés, des arachnides, des myriapodes et des insectes, à l'usage des élèves de l'École du Muséum d'Histoire naturelle ; par M. LATREILLE, professeur, membre de l'Institut, etc. Première année, contenant le discours d'ouverture du cours. — Tableau de l'histoire de l'entomologie. — Généralités de la classe des crustacés et de celle des arachnides, des myriapodes et des insectes. — Exposition méthodique des ordres, des familles, et des genres des trois premières classes. 1 gros vol. in 8. et d'un atlas composé de 24 planches. 15 fr.

La seconde et dernière année, complétant cet ouvrage, paraîtra bientôt.

DESCRIPTION GÉOLOGIQUE DE LA PARTIE MÉRIDIONALE DE LA CHAINE DES VOSGES ; par M. ROZET, capitaine au corps royal d'état-major. in-8 orné de planches et d'une jolie carte. 10 fr.

DIPTÈRES DU NORD DE LA FRANCE ; par M. J. MACQUART. 5 vol. in-8. 30 fr.

DIPTÈRES EXOTIQUES NOUVEAUX OU PEU CONNUS ; par M. J. MACQUART, membre de plusieurs sociétés savantes, tome 1 en 2 volumes in-8 ; prix du volume, fig. noires. 7 fr.

Le même ouvrage, fig. coloriées. 12 fr.

ENTOMOLOGIE DE MADAGASCAR, BOURBON ET MAURICE. — Lépidoptères, par le docteur BOISDUVAL ; avec des notes sur les métamorphoses, par M. SGANZIN.

Huit livraisons, renfermant chacune 2 pl. coloriées, avec le texte correspondant sur papier vélin. 32 fr.

ÉNUMÉRATION DES ENTOMOLOGISTES VIVANTS, suivie de notes sur les collections entomologiques des musées d'Europe, etc., avec une table des résidences des entomologistes, par SILBERMANN ; in-8. 3 fr.

ESSAIS DE ZOOLOGIE GÉNÉRALE, ou Mémoires et notices sur la Zoologie générale, l'anthropologie et l'histoire de la science, par M. ISIDORE GEOFFROY SAINT-HILAIRE. 1 vol. in-8, orné de pl. noires ou coloriées. (Sous presse.)

ÉTUDES DE MICROMAMMALOGIE, revue des sorex, mus et arvicola d'Europe, suivies d'un index méthodique des mammifères européens par M. EDM. DE SELYS LONGCHAMPS, 1 vol. in-8. 5 fr.

ICONOGRAFIA DELLA FAUNA ITALICA ; di CARLO LUCIANO BONAPARTE, principe di Musignano, livraisons 1 à 25, in-folio, à 21 fr. 60 c. chaque.

FAUNA JAPONICA, sive descriptio animalium, quæ in itinere per Japoniam, jussu et auspiciis superiorum, qui summum in India Batava imperium tenent, suscepto, annis 1823-1830, collegit, notis, observationibus et adumbrationibus illustravit Ph. Fr. DE SIEBOLD. Prix de chaque livraison, 26 francs. L'ouvrage aura 25 livraisons.

Cet ouvrage, auquel participent pour sa rédaction MM. Temminck, Schlegel, et DeHaan, se continue avec activité. 7 livraisons sont en vente.

FAUNE DE L'OCÉANIE ; par le docteur BOISDUVAL. Un gros vol. in-8 imprimé sur grand papier vélin. 10 fr

FLORA JAPONICA, sive plantæ quas in imperio japonico collegit, descripsit, ex parte in ipsis locis pingendas curavit. D. Ph.-Fr. DE SIEBOLD. Prix de chaque livraison, 15 fr. coloriée, et 8 fr. noire.

FLORA JAVÆ nec non insularum adjacentium, auctore BLUME. In-fol. Bruxelles. Livraisons 1 à 35 à 15 fr.

FLORE DU CENTRE DE LA FRANCE; par M. A. BOREAU, professeur de botanique, directeur du Jardin des Plantes d'Angers, etc. 2 vol. in-8 ; prix :

Cet ouvrage est rédigé d'après des recherches entreprises exprès, à l'aide de secours fournis par le gouvernement. Il résumera la flore des départements suivants: Cher, Nièvre, Yonne, Loiret, Loir et Cher, Indre, Creuse, Allier, Saône-et-Loire, et une portion de celui de la Côte-d'Or. L'auteur s'est proposé le double but de faire connaître aux savants un grand nombre de faits de géographie botanique entièrement nouveaux, et d'offrir aux élèves et aux amateurs un guide sûr et facile pour par-

venir à la connaissance du nom des plantes. A cet effet il a fait précéder sa flore de notions élémentaires de botanique, d'un dictionnaire des termes scientifiques, et de clefs analytiques des genres et des espèces, qui dispenseront d'avoir recours à aucun autre ouvrage. On y a joint aussi un aperçu de la géologie du centre de la France, considérée dans ses rapports avec la végétation, un exposé des propriétés des plantes de cette contrée, et des notices biographiques sur les botanistes qu'elle a produits. L'auteur a profité des communications d'un grand nombre de savants de Paris et des départements.

GENERA ET INDEX METHODICUS Europæorum Lepidopterorum pars prima sistens papiliones sphinges Bombyces noctuas auctore BOISDUVAL. 1 vol. in-8. 5 fr.

HERBARII TIMORENSIS DESCRIPTIS, cum tabulis 6 æneis ; auctore J. DECAISNE : 1 vol. in-4. 15 fr.

HERBIER GÉNÉRAL DES PLANTES DE FRANCE ET D'ALLEMAGNE ; par M. SCHUTZ. 1 vol. in-fol., 1re livraison ; prix : 20 fr.

HISTOIRE ABRÉGÉE DES INSECTES, nouvelle édition ; par M. GEOFFROY, 2 vol. in-4, figures. 30 fr.

HISTOIRE DES PROGRÈS DES SCIENCES NATURELLES, depuis 1789 jusqu'en 1831 ; par M. le baron G. CUVIER. 5 vol. in-8. 22 fr. 50 c.

Le tome 5 séparément. 7 fr.

Le conseil royal de l'Université a décidé que cet ouvrage serait placé dans les bibliothèques des colléges et donné en prix aux élèves.

ICONES HISTORIQUES DES LÉPIDOPTÈRES NOUVEAUX OU PEU CONNUS, collection, avec figures coloriées, des papillons d'Europe nouvellement découverts ; ouvrage formant le complément de tous les auteurs iconographes ; par le docteur BOISDUVAL.

Cet ouvrage se composera d'environ 50 livraisons grand in-8, comprenant chacune deux planches coloriées et le texte correspondant ; prix, 3 fr. la livraison sur papier vélin, et franche de port, 3 fr. 25 c.

Comme il est probable que l'on découvrira encore des espèces nouvelles dans les contrées de l'Europe qui n'ont pas été bien explorées, l'on aura soin de publier chaque année une ou deux livraisons pour tenir les souscripteurs au courant des nouvelles découvertes. Ce sera en même temps un moyen très avantageux et très prompt pour MM. les entomologistes qui auront trouvé un lépidoptère nouveau de pouvoir les publier les premiers. C'est-à-dire que, si après avoir subi un examen nécessaire, leur espèce est réellement nouvelle, leur description sera imprimée textuellement ; ils pourront même en faire tirer quelques exemplaires à part. — 42 livraisons ont déjà paru.

ICONOGRAPHIE, ET HISTOIRE DES LÉPIDOPTÈRES ET DES CHENILLES DE L'AMÉRIQUE SEPTENTRIONALE ; par le docteur BOISDUVAL, et par le major John LECONTE, de New-York.

Cet ouvrage, dont il n'avait paru que huit livraisons, et interrompu par suite de la révolution de 1830, va être continué avec rapidité. Les livraisons 1 à 26 sont en vente, et les suivantes paraîtront à des intervalles très rapprochés.

L'ouvrage comprendra environ 50 livraisons. Chaque livraison contient 3 planches coloriées, et le texte correspondant. Prix pour les souscripteurs, 3 fr. la livraison.

INSECTA SUECICA ; par M. GYLLENHAL. 4 vol. in-8 ; prix : 48 fr.

MÉMOIRES SUR LES MÉTAMORPHOSES DES COLÉOPTÈRES, par DEHAAN, in-4, fig. 10 fr.

MONOGRAPHIA TENTHREDINETARUM SYNONYMIA EXTRICATA, auctore Am. LEPELETIER de SAINT-FARGEAU. 1 vol. in-8. 5 fr.

MONOGRAPHIE DES LIBELLULIDÉES D'EUROPE, par EDM. DE SELYS-LONGCHAMPS; 1 vol. gr. in-8, avec 4 planches représentant 44 figures. Prix : 5 fr.

RECHERCHES SUR L'ANATOMIE, et les métamorphoses de différentes espèces d'insectes, ouvrage posthume, de Pierre LYONNET, publié par M. W. Dehaan, accompagnées de 54 planches. 1 vol. in-4. 40 fr.

RÈGNE ANIMAL, d'après M. de BLAINVILLE, disposé en séries en procédant de l'homme jusqu'à l'éponge, et divisé en trois sous-règnes; tableau supérieurement gravé, prix : 3 fr. 50 c.; et 8 fr. collé sur toile avec gorge et rouleau.

LES ROSES, collection des plus nouvelles, choisies, dessinées et coloriées d'après nature.
10 livraisons de 10 planches, format in-4, 12 fr. chaque.

RUMPHIA, sive commentationes botanicæ imprimis de plantis Indiæ Orientalis, tum penitus incognitis, tum quæ in libris Rheedii, Rumphii, Roxburghii, Wallichii, aliorum, recensentur, auctore C. L. BLUME, cognomine RUMPHIO. Le prix de chaque livraison est fixé, pour les souscripteurs, à 15 fr.

SERRES CHAUDES, Galerie de Minéralogie et de Géologie, ou Notice sur les constructions du Muséum d'Histoire Naturelle, par M. ROHAULT (Architecte). 1 vol. in-folio. 30 fr.

SYNONYMIA INSECTORUM. — CURCULIONIDES; ouvrage comprenant la synonymie et la description de tous les curculionites connus; par M. SCHOENHERR. 6 vol. in-8 (en latin). Chaque partie, 9 fr.

Les 5 premiers volumes, contenant deux parties chaque, sont en vente ainsi que la 1re du tome VI.

CURCULIONIDUM DISPOSITIO methodica cum generum characteribus, descriptionibus atque observationibus variis seu prodromus ad Synonymiæ insectorum partem IV, auctore C. J. SCHOENHERR. 1 vol. in-8. 7 fr.

L'éditeur vient de recevoir de Suède et de mettre en vente le petit nombre d'exemplaires restant de la Synonymia insectorum du même auteur. Chaque volume qui compose ce dernier ouvrage est accompagné de planches coloriées, dans lesquelles l'auteur a fait représenter des espèces nouvelles.

TABLEAU DE LA DISTRIBUTION MÉTHODIQUE DES ESPÈCES MINÉRALES, suivie dans le cours de minéralogie fait au Muséum d'Histoire Naturelle en 1833, par M. Alexandre BRONGNIART, professeur. Brochure in-8. 2 fr.

THÉORIE ÉLÉMENTAIRE DE LA BOTANIQUE; par M. de CANDOLLE, 3e édition. 1 vol. in-8. (*Sous presse.*)

TRAITÉ ÉLÉMENTAIRE DE MINÉRALOGIE; par F. S. BEUDANT, de l'Académie royale des Sciences, nouvelle édition considérablement augmentée. 2 vol. in-8, accompagnés de 24 planches; prix: 21 fr.

TRAITÉ DE ZOOLOGIE, par M. POUCHET, professeur d'histoire naturelle. 1 vol. in-8. 8 fr.

NOUVEAU COURS COMPLET
D'AGRICULTURE
DU XIXe SIÈCLE,

CONTENANT

LA THÉORIE ET LA PRATIQUE DE LA GRANDE ET LA PETITE CULTURE, L'ÉCONOMIE RURALE ET DOMESTIQUE, LA MÉDECINE VÉTÉRINAIRE, ETC.

Ouvrage rédigé sur le plan de celui de ROZIER, duquel on a conservé les articles dont la bonté a été prouvée par l'expérience ;

Par les membres de la Section

D'AGRICULTURE DE L'INSTITUT ROYAL DE FRANCE, ETC.,

MM. THOUIN, TESSIER, HUZARD, SYLVESTRE, BOSC, YVART, PARMENTIER, CHASSIRON, CHAPTAL, LACROIX, DE PERTHUIS, DE CANDOLLE, DUTOUR, DUCHESNE, FLEURIEU, BULLISSON, ETC.,

La plupart membres de l'Institut, du conseil d'Agriculture établi près le Ministre de l'Intérieur, de la société d'Agriculture de Paris, et propriétaires-cultivat.

16 gros vol. in-8 (ensemble de plus de 8,800 pag.)

ORNÉS D'UN GRAND NOMBRE DE PLANCHES.

Prix : 56 fr. au lieu de 120 fr.

Cet ouvrage, le meilleur en ce genre, édité par M. DETERVILLE, ne doit pas être confondu avec des publications mercantiles où quelques bons articles sont confondus avec des vieilleries décousues qui pourraient induire le cultivateur en erreur.

OUVRAGES DIVERS.

ABRÉGÉ DE L'ART VÉTÉRINAIRE, ou description raisonnée des Maladies du Cheval et de leur traitement ; suivi de l'anatomie et de la physiologie du pied et des principes de ferrure, avec des observations sur le régime et l'exercice du cheval, et sur les moyens d'entretenir en bon état les chevaux de poste et de course ; par WHITE ; traduit de l'anglais et annoté par M. V. CLAGUETTE, vétérinaire, chevalier de la Légion d'Honneur. Deuxième édition, revue et augmentée. 1 vol. in-12, 3 fr. 50 c. et 4 fr. 25 c. par la poste.

ABUS (DES) EN MATIÈRE ECCLÉSIASTIQUE, par M. BOYARD. 1 vol. in-8. 2 fr. 50 c.

ANALYSE DES SERMONS du P. GUYON, précédée de l'Histoire de la ssion du Mans. 1 vol. in-12 2 fr.

ANNUAIRE DU BON JARDINIER ET DE L'AGRONOME, renfermant la description et la culture de toutes les plantes utiles ou d'agrément qui paru pour la première fois.
Les années 1826, 27, 28, coûtent 1 fr. 50 c. chaque.
Les années 1829 et 1830, 3 fr. chaque.
Les années 1831 à 1840, 3 fr. 50 c. chaque.

ART DE CULTIVER LES JARDINS, OU ANNUAIRE DU BON JARDINIER ET DE L'AGRONOME, renfermant un calendrier indiquant, mois mois, tous les travaux à faire tant en jardinage qu'en agriculture: les ncipes généraux du jardinage; la culture et la description de toutes les espèces et variétés de plantes potagères, ainsi que toutes les espèces et variétés plantes utiles ou d'agrément; par un *Jardinier agronome*. Un gros vol. in-18. 40. Orné de fig. 3 fr. 50 c.

ARITHMÉTIQUE DES DEMOISELLES, ou Cours élémentaire d'arithmétique en 12 leçons; par M. VENTENAC. 1 vol. 2 fr. 50 c.
Cahier de questions pour le même ouvrage. 50 c.

ART DE BRODER, ou Recueil de modèles coloriés, analogues aux différentes parties de cet art, à l'usage des demoiselles; par AUGUSTIN LEGRAND. vol. oblong. 7 fr.

ART DE LEVER LES PLANS et nouveau Traité d'arpentage et de nivellement; par MASTAING. 1 vol. in-12. Nouvelle édition. 4 fr.

— (L') DE CONSERVER ET D'AUGMENTER LA BEAUTÉ, corriger et guiser les imperfections de la nature; par LAMI. 2 jolis vol. in-18, ornés de avures. 6 fr.

— (L') D'ÉCRIRE DE LA MAIN GAUCHE, enseigné en quelques leçons, toutes les personnes qui écrivent selon l'usage, comme ressource en cas de rte ou d'infirmité du bras droit ou de la main droite; par M. FILOU. 1 vol. long avec une planche lithographiée; prix: 1 fr.

— (L') DE CRÉER LES JARDINS, contenant les préceptes généraux de l'art; leur application développée à l'aide de vues perspectives, coupe et élévations, par des exemples choisis dans les jardins les plus célèbres de France et Angleterre; et le tracé pratique de toutes espèces de jardins; par M. N. VERNAUD, architecte, à Paris. Ouvrage imprimé au format in-fol., et orné de lithographies dessinées par nos meilleurs artistes.
Prix : rel. sur papier blanc. 45 fr.
— sur papier Chine. 56 fr.
— colorié. 80 fr.

— (L') DE COMPOSER ET DECORER LES JARDINS; par M. BOITARD; ouvrage entièrement neuf, orné de 132 planches gravées sur acier. ix de l'ouvrage complet, texte et planches. 15 fr.
Cette publication n'a rien de commun avec les autres ouvrages du même genre, rtant même le nom de l'auteur. Le traité que nous annonçons est un travail tout ufque M. Boitard vient de terminer après des travaux immenses : il est très complet et à très bas prix, quoiqu'il soit orné de 132 planches gravées sur acier. L'auteur et l'éditeur ont donc rendu un grand service aux amateurs de jardins en les mettant à même de tirer de leurs propriétés le meilleur parti possible.

— (L') DE FAIRE LES VINS DE FRUITS, précédé d'une Esquisse historique de l'Art de faire le Vin de Raisin, de la manière de soigner une cave; ivi de l'Art de faire le Cidre, le Poiré, les Arômes, le Sirop et le Sucre de ommes de terre; d'un Tableau de la quantité d'esprit contenue dans diverses alités de vins; de considérations diététiques sur l'usage du vin, et d'un Vobulaire des termes scientifiques employés dans l'ouvrage; traduit de l'anglais ACCUM, auteur de l'Art de faire la bière, par MM. G*** et O.L***. 1 vol. in-12, ec planches, 1 fr. 80 c. et 2 fr. 25 c. par la poste.

AMATEUR DES FRUITS (L'), ou l'Art de les choisir, de les conserver, de employer, principalement pour faire les compotes, gelées, marmelades, nfitures, pâtes, raisinés, conserves, glaces, sorbets, liqueurs de tout genre, tafias, sirops, vins secondaires, etc.; par M. LOUIS DU BOIS. 1 vol. in-12, r. 50 c., et 3 fr. par la poste.

ANIMAUX (LES) CÉLÈBRES, anecdotes historiques sur les traits d'intelligence, d'adresse, de courage, de bonté, d'attachement, de reconnaissance, etc., des animaux de toute espèce, ornés de gravures; par A. ANTOINE. 2 vol. in-12. 2e édition. 5 fr.

AQUARELLE-MINIATURE PERFECTIONNÉE, reflets métalliques et chatoyans, et peinture à l'huile sur velours; par M. SAINT-VICTOR, 1 vol. grand in-8, orné de 8 planches. 8 fr.
Le même ouvrage, augmenté de 6 planches peintes à la main. 12 fr.

ASTRONOMIE DES DEMOISELLES, ou Entretiens, entre un frère et sa sœur sur la Mécanique céleste, démontrée et rendue sensible sans le secours des mathématiques; suivie de problèmes dont la solution est aisée, et enrichie de plusieurs figures ingénieuses servant à rendre les démonstrations plus claires; par James FERGUSSON et M. QUÉTRIN. 1 vol. in-12, 3 fr. 50 c., et 4 fr. par la poste.

AVIS AUX PARENTS sur la nouvelle méthode de l'enseignement mutuel; par G. CHERPIN. 1 vol. in-12. 2 fr. 50 c.

BARÈME (LE) PORTATIF DES ENTREPRENEURS EN CONSTRUCTIONS ET DES OUVRIERS EN BATIMENT; par M. BARBIER. 1 vol. in-24. 60 c.

BARÈME DU LAYETIER, contenant le toisé par voliges de toutes les mesures de caisses depuis 12-6-6. jusqu'à 72-72-72, etc.; par BIEN-AIMÉ. 1 vol. in-12. 1 fr. 25 c.

BEAUTÉS (LES) DE LA NATURE, ou Description des arbres, plantes, cataractes, fontaines, volcans, montagnes, mines, etc., les plus extraordinaires et les plus admirables qui se trouvent dans les quatre parties du monde; par M. ANTOINE. 1 vol. orné de six grav, 2e édition. 2 fr. 50 c.

BIBLIOGRAPHIE-PALÉOGRAPHICO-DIPLOMATICO-BIBLIOLOGIQUE générale, ou Répertoire systématique indiquant: 1o tous les ouvrages relatifs à la Paléographie, à la Diplomatique, à l'histoire de l'Imprimerie et de la Librairie, et suivi d'un Répertoire alphabétique général; par M. P. NAMUR, bibliothécaire à l'Université de Liège. 2 vol. in-8. 15 fr.

BIBLIOGRAPHIE ACADÉMIQUE BELGE, ou Répertoire systématique et analytique des mémoires, dissertations, etc., publiés jusqu'à ce jour par l'ancienne et la nouvelle Académie de Bruxelles; par P. NAMUR. 1 vol. in-8. 5 fr.

BOTANIQUE (LA) de J.-J. Rousseau, contenant tout ce qu'il a écrit sur cette science, augmentée de l'exposition de la méthode de Tournefort et de Linné, suivie d'un Dictionnaire de botanique et de notes historiques; par M. DEVILLE. 2e édition, 1 gros vol in-4, orné de 8 planches. 4 fr.
Figures coloriées. 5 fr.

BOUVIER (LE NOUVEAU), ou Traité des maladies des bestiaux, Description raisonnée de leurs maladies et de leur traitement; par M. DELAGUETTE, médecin vétérinaire. 1 vol. in-12. 3 fr. 50 c.

CAHIERS DE CHIMIE à l'usage des Écoles et des Gens du monde, par M. BURNOUF. Prix, l'ouvrage complet, (4 cahiers). 5 fr.

CALLIPÉDIE (LA), ou la Manière d'avoir de beaux enfants; extrait du poème latin de Quillet. in-8. 1 fr. 50 c.

CARTE TOPOGRAPHIQUE DE SAINTE-HÉLÈNE. 1 fr. 50 c.

CHASSEUR-EXPERT (LE), ou l'Art de prendre les taupes par des moyens sûrs et faciles, précédé de leur histoire naturelle; par M. RÉDARÈS. 1 vol. in-12, avec planches. 1 fr. 25 c., et 1 fr. 50 c. par la poste.

CHIENS (LES) CÉLÈBRES, par M. FRÉVILLE. 1 vol. in-12. 3 fr.

CHIMIE APPLIQUÉE AUX ARTS; par CHAPTAL, membre de l'Institut. Nouvelle édition avec les additions de M. GUILLERY. 5 livraisons en un seul gros vol. in-8, grand papier. 20 fr.

CHOIX (NOUVEAU) D'ANECDOTES ANCIENNES ET MODERNES, tirées des meilleurs auteurs, contenant les faits les plus intéressants de l'histoire en général, les exploits des héros, traits d'esprit, saillies ingénieuses, bons mots, etc., etc., 5e édition, par madame CELNART. 4 vol. in-18, ornées de jolies vignettes. (Même ouvrage que le *Manuel anecdotique.*) 7 fr.

CODE DES MAITRES DE POSTE, DES ENTREPRENEURS DE DILI-GENCES ET DE ROULAGE, ET DES VOITURES EN GÉNÉRAL PAR TERRE ET PAR EAU, ou Recueil général des Arrêts du Conseil, Arrêts de règlement, Lois, Décrets, Arrêtés, Ordonnances du roi et autres actes de l'autorité publique, concernant les Maîtres de Poste, les Entrepreneurs de Diligences et Voitures publiques en général, les Entrepreneurs et Commissionnaires de Roulage, les Maîtres de Coches et de Bateaux etc.; par M. LANOE, avocat à la Cour Royale de Paris. 2 vol. in-8. 12 fr.

COLLECTION DE MODÈLES pour le Dessin linéaire; par M. BOUTEREAU. 40 tableaux in-4. 4 fr.
Cet ouvrage est extrait de la Géométrie usuelle du même auteur.

CONSIDÉRATIONS SUR LES TROIS SYSTÈMES DE COMMUNICATIONS INTÉRIEURES, au moyen des routes, des chemins de fer et des canaux; par M. NADAULT, ingén. des Ponts et chauss. 1 vol. in-4. 6 fr.

CORDON BLEU (LE), NOUVELLE CUISINIÈRE BOURGEOISE, rédigée et mise par ordre alphabétique; par mademoiselle MARGUERITE, 11e édition considérablement augmentée. 1 vol. in-18. 1 fr.

COURS DE THÈMES pour les sixième, cinquième, quatrième, troisième et deuxième classes, à l'usage des collèges; par M. PLANCHE, professeur de rhétorique au collège royal de Bourbon, et M. CARPENTIER. *Ouvrage recommandé pour les collèges par le conseil royal de l'Université.* 2e édition, entièrement refondue et augmentée. 5 vol. in-12. 10 fr.
Les mêmes avec les corrigés à l'usage des maîtres. 10 vol. 22 fr. 50 c.

On vend séparément :

Cours de sixième à l'usage des élèves. 2 fr.
Le corrigé à l'usage des maîtres. 2 fr. 50 c.
Cours de cinquième à l'usage des élèves. 2 fr.
Le corrigé. 2 fr. 50 c.
Cours de quatrième à l'usage des élèves. 2 fr.
Le corrigé. 2 fr. 50 c.
Cours de troisième à l'usage des élèves. 2 fr.
Le corrigé. 2 fr. 50 c.
Cours de seconde à l'usage des élèves. 2 fr.
Le corrigé. 2 fr. 50 c.

— **D'AGRICULTURE (PETIT)**, ou Manuel du Fermier, contenant un traité sur la physique agricole, la culture des champs, les animaux domestiques, les laiteries, l'art vétérinaire, les différents modes de locations et la comptabilité d'une ferme, etc.; par M. DE LÉPINOIS. 1 vol. in-8, 3 fr. 50 c., et 4 fr. 25 c. par la poste.

— **COMPLET D'AGRICULTURE (NOUVEAU)**, contenant la grande et la petite culture, l'économie rurale domestique, la médecine vétérinaire, etc.; par les Membres de la section d'Agriculture de l'Institut royal de France, etc. Nouvelle édition revue, corrigée et augmentée. Paris, Deterville, 16 vol. in-8 de près de 600 pages chacun, ornés de planches en taille-douce. 56 fr.

— **SIMPLIFIÉ D'AGRICULTURE**; par L. DUBOIS. *Voyez* Encyclopédie du cultivateur.

CULTURE DE LA VIGNE dans le Calvados et autres pays qui ne sont pas trop froids pour la végétation de cet intéressant arbrisseau, et pour que ses fruits y mûrissent; par M. Jean François NOGET. In-8. 75 c.

DESCRIPTION DES MOEURS, USAGES ET COUTUMES de tous les peuples du monde, contenant une foule d'Anecdotes sur les sauvages d'Afrique, d'Amérique, les Antropophages, Hottentots, Caraïbes, Patagons, etc., etc. 2e édition, très augmentée. 2 vol. in-18 ornés de 12 gravures. 5 fr

DICTIONNAIRE DE BOTANIQUE MÉDICALE ET PHARMACEUTIQUE, contenant les principales propriétés des minéraux, des végétaux et des animaux, avec les préparations de pharmacie, internes et externes, les plus usitées en médecine et en chirurgie, etc.; par une Société de médecins, de pharmaciens et de naturalistes. Ouvrage utile à toutes les classes de la société, orné de 17 grandes planches représentant 278 figures de plantes gravées avec le plus grand soin; 3e *édition* revue, corrigée et augmentée de beaucoup de préparations pharmaceutiques et de recettes nouvelles; pa M. JULIA FONTENELLE et BARTHEZ. 2 gros vol. in-8, figures en noir. 18 fr.

Le même, fig. coloriées d'après nature 25 fr.

Cet ouvrage est spécialement destiné aux personnes qui, sans s'occuper de la médecine, aiment à secourir les malheureux.

ÉCOLE DU JARDIN POTAGER, suivie du Traité de la Culture des Pêchers; par M. LE COMBLES, sixième édition revue par M. Louis DU BOIS. 3 forts vol. in-12. 4 fr. 50 c.

ÉDUCATION (DE L') DES JEUNES PERSONNES, ou Indication succincte de quelques améliorations importantes à introduire dans les pensionnats; par mademoiselle FAURE. 1 vol in-12. 1 fr. 50 c.

ÉLÉMENTS (NOUVEAUX) DE LA GRAMMAIRE FRANÇAISE; pa M. FELLENS. 1 vol. in-12 1 fr. 25 c.

— **D'ARITHMÉTIQUE**, suivis d'exemples raisonnés en forme d'anecdotes à l'usage de la jeunesse, par un membre de l'Université. 1 vol in-12. 1 fr. 50 c.

EMPRISONNEMENT (DE L') pour dettes. Considérations sur son origine, ses rapports avec la morale publique et les intérêts du commerce, des familles, de la société; suivies de la statistique générale de la contrainte par corps en France et en Angleterre, et de la statistique détaillée des prisons pour dettes de Paris, de Lyon, et de plusieurs autres grandes villes de France; par J. B. BAYLE-MOUILLARD. *Ouvrage couronné en 1835 par l'Institut.* 1 vol. in-8. 7 fr. 50 c.

ENCYCLOPÉDIE DU CULTIVATEUR, ou Cours complet et simplifié d'agriculture, d'économie rurale et domestique; par M. Louis DUBOIS. 2e édition. 8 vol. in-12 ornés de gravures. 18 fr.

Cet ouvrage, très simple, est indispensable aux personnes qui ne voudraient pas acquérir le grand ouvrage intitulé : Cours d'agriculture au XIXe siècle.

ÉPILEPSIE (DE L') EN GÉNÉRAL, et particulièrement de celle qui est déterminée par des causes morales; par M. TOUSSAIN-DUBREUIL. 1 vol. in-12 2e *édition* 3 fr.

ÉTUDES ANALYTIQUES SUR LES DIVERSES ACCEPTIONS DES MOTS FRANÇAIS; par mademoiselle FAURE. 1 vol in-12 2 fr. 50 c.

ÉVÉNEMENTS DE BRUXELLES ET DES AUTRES VILLES DU ROYAUME DES PAYS-BAS, depuis le 25 août 1830, précédés du Catéchisme du citoyen belge et de chants patriotiques. 1 vol. in-18. 1 fr. 25 c.

EXAMEN DU SALON DE 1834; par M. A.-D. VERGNAUD. Brochure in-8. 1 fr. 50 c.

EXAMEN DU SALON DE 1827, avec cette épigraphe : *Rien n'est beau que le vrai*. 2 brochures in-8. 3 fr.

GALERIE DE RUBENS, dite du Luxembourg, faisant suite aux galeries de Florence et du Palais Royal; par MM. MATHEI et CASTEL. Treize livraisons contenant vingt-cinq planches. 1 gros vol. in-fol. (ouvrage terminé).

Prix de chaque livraison, figures noires. 6 fr.

Avec figures coloriées. 10 fr.

GÉOGRAPHIE DES ÉCOLES; par M. HUOT, continuateur de la géographie de Malte-Brun et GUIBAL, ancien élève de l'École Polytechnique. 1 vol. 1 fr. 50 c.

Atlas de la Géographie des Écoles. 2 fr. 50 c.

GÉOMÉTRIE PERSPECTIVE, avec ses applications à la recherche des ombres; par G. H. DUFOUR, colonel du Génie. In-8., avec un Atlas de vingt-deux planches in-4 4 fr.

GÉOMÉTRIE USUELLE. Dessin géométrique et de dessin linéaire, sans instruments, en 120 tableaux; par V. BOUTEREAU, professeur des Cours publics et gratuits de géométrie, de mécanique et de dessin linéaire à Beauvais. 2 vol. in-4. 10 fr.

L'on vend séparément cet ouvrage.

COLLECTION DE MODÈLES pour le Dessin linéaire; par M. BOUTEREAU. 40 tableaux. 4 fr.

GRAISSINET (M.), ou Qu'est-il donc? Histoire comique, satirique et véridique, publiée par DUVAL. 4 vol. in-12. 10 fr.

Ce roman, écrit dans le genre de ceux de Pigault, est un des plus amusants que us ayons.

GRAMMAIRE (NOUVELLE) DES COMMERÇANTS, par M. BRAUD, aître de pension. 1 fr.

GUIDE DU MÉCANICIEN, ou Principes fondamentaux de mécanique spérimentale et théorique, appliqués à la composition et à l'usage des machines; par M. SUZANNE, ancien professeur, 2e édition. 1 vol. in-8 orné d'un and nombre de planches. 12 fr.

GUIDE GÉNÉRAL EN AFFAIRES, ou Recueil des modèles de tous les ... 4e édition. 1 vol. in-12. 4 fr.

HISTOIRE GÉNÉRALE DE POLOGNE, d'après les historiens polonais aruszewicz, Albertrandy, Czacki, Lelewel, Bandtkie, Niemcewicz, Zielinskis ollontay, Oginski, Chodzko, Podzaszynski, Mochnacki, et autres écrivains nationaux. 2 vol. in-8. 7 fr.

HISTOIRE DES LÉGIONS POLONAISES EN ITALIE, sous le commandement du général Dombrowski, par Léonard CHODZKO. 2 vol. in-8. 17 fr.

INFLUENCE DE L'... DES ÉRUPTIONS ARTIFICIELLES DANS CERTAINES MALADIES; par JENNER, auteur de la découverte de la vaccine. brochure in-8 2 fr 50

JOURNAL D'AGRICULTURE, d'Économie rurale et des manufactures du oyaume des Pays-Bas. La collection complète jusqu'à la fin de 1823, se compose de 16 vol. in-8. Prix à Paris, 75 fr.

JOURNAL DE MÉDECINE VÉTÉRINAIRE théorique et pratique, et analyse raisonnée de tous les ouvrages français et étrangers qui ont du rapport avec la médecine des animaux domestiques; recueil publié par MM. BRA-Y-CLARK, CREPIN, CRUZEL, DELAGUETTE, DUPUY, GODINE jeune, LEBAS, PRINCE, ROLET, médecins vétérinaires. 6 vol. in-8. 60 fr. (1830 à 1835). — Chaque année séparée. 12 fr.

LEÇONS ÉLÉMENTAIRES de philosophie destinées aux élèves de l'Université de France qui aspirent au grade de bachelier-ès-lettres; par J.-S. FLOTTE. e édition. 3 vol. in-12. 7 fr. 50 c.

LEÇONS D'ARCHITECTURE; par DURAND. 2 vol. in-4. 40 fr.
La partie graphique, ou tome troisième du même ouvrage. 20 fr.

LETTRES SUR LA VALACHIE. 1 vol. in-12 2 fr. 50 c.
— SUR LA MINIATURE; par M. MANSION. 1 vol. in-12. 4 fr.
— SUR LES DANGERS DE L'ONANISME, et Conseils relatifs au traitement des maladies qui en résultent, ouvrage utile aux pères de famille et aux instituteurs; par M. DOUSSIN-DUBREUIL. 1 vol. in-18. 1 fr. 25 c.

L'HOMME AUX PORTIONS, ou Conversations philosophiques et politiques, publiées par J. J. FAZY. 1 vol. in-12. 3 fr.

MANUEL DES ARBITRES, ou Traité des principales connaissances nécessaires pour instruire et juger les affaires soumises aux décisions arbitrales soit en matières civiles ou commerciales, contenant les principes, les lois nouvelles, les décisions intervenues depuis la publication de nos Codes et les formules qui concernent l'arbitrage, etc.; par M. CH., ancien jurisconsulte. Nouvelle édition. 8 fr.

— **DES BAINS DE MER**, leurs avantages et leurs inconvénients; par M. PLOT. 1 vol. in-18. 2 fr.

— **DU BIBLIOTHÉCAIRE**, accompagné de notes critiques, historiques et littéraires; par P. NAMUR. 1 vol. in-8. 7 fr.

— **DU CAPITALISTE**; par M. BONNET. 1 vol. in-8. 6 fr.

— **DES EXPERTS EN MATIÈRES CIVILES**, ou Traités d'après les Codes civil, de procédure et de commerce: 1o des experts, de leur choix, de leurs devoirs, de leurs rapports, de leur nomination, de leur nombre, de leur récusation, de leurs vacations, et des principaux cas où il y a lieu d'en nommer: 2o des biens et des différentes espèces de modifications de la propriété: 3o de l'usufruit, de l'usage et de l'habitation; 4o des servitudes et services fonciers; 5o des réparations locatives; 6o des bois taillis, des futaies et forêts, etc.; par M. CH., ancien jurisconsulte. 6e édition. 6 fr.

— **DU FRANC-MAÇON**; par BAZOT. 6e édition. 2 vol. in-12. 7 fr.

3.

MANUEL DE GÉNÉALOGIE HISTORIQUE, ou familles remarquables peuples anciens et modernes, etc.; par J. B. FELLENS. 1 vol. in-18. 3 fr. 50

— DES INSTITUTEURS ET DES INSPECTEURS D'ÉCOLE PRIMAIRE; par ***. 1 vol. in-12. 4

— DES JUSTICES DE PAIX, ou Traité des fonctions et des tributions des Juges de paix, des Greffiers et Huissiers attachés à leur tribunal, avec des formules et modèles de tous les actes qui dépendent de leur ministère, etc.; par M. LEVASSEUR, ancien jurisconsulte. Nouvelle édition, entièrement refondue par M. BIRET. 1 gros vol. in-8, 1839. 6

— LITTÉRAIRE, ou Cours de littérature française en forme de dictionnaire, à l'usage des maisons d'éducation et des jeunes gens dont les études n'ont pas été complétées; par M. RAYNAUD. 3e édition. 1 vol. in-12. 2 fr. 50

— MÉTRIQUE DU MARCHAND DE BOIS, par M. TREMBLAY. 1 vol. in-12. 1840. 1 fr. 50

— DES OFFICIERS DE L'ÉTAT CIVIL, pour la tenue des registres, contenant, 1° un Commentaire explicatif sur les articles du code qui régissent la matière; 2° le Recueil des lois, décrets, ordonnances, avis du conseil d'État relatifs à l'état civil; 3° un grand nombre de formules pour la rédaction des actes. Ouvrage indispensable aux maires; par A.-E LE MOLT. 1 vol. in 8. 2 fr. 50

— POÉTIQUE ET LITTÉRAIRE, ou modèles et principes de tous genres de composition en vers, par J.-B. FELLENS. 1 vol. in 8. 2 fr. 25

— DU PROCUREUR DU ROI ET DE SUBSTITUT, ou Résumé des fonctions du ministère public près les tribunaux de première instance; par Jes. F. L. MASSABIAU, substitut du procureur général à la Cour royale Rennes. 4 vol. in-8. à 7 fr. 50 c chaque volume. (3 volumes seulement vendus.)

— MUNICIPAL nouveau, ou Répertoire des Maires, Adjoints, Conseillers municipaux, Juges de paix, Commissaires de police, dans leurs rapports avec l'administration, l'ordre judiciaire, les collèges électoraux, la garde nationale, l'armée, l'administration forestière, l'instruction publique et le clergé; contenant l'exposé complet du droit et des devoirs des Officiers municipaux et de leurs Administrés, selon la législation nouvelle; par M. BOYARD, député, président à la Cour royale d'Orléans. 1 vol. in-8. 10 f

— DE PEINTURES ORIENTALES ET CHINOISES en relief, par SAINT-VICTOR. 1 vol. in-18, fig. noires, 3 fr.; fig. coloriées 4 f

— DU STYLE, en 4 leçons, à l'usage des maisons d'éducation, des jeunes littérateurs et des gens du monde; contenant les principes de tous les genres de style, appuyés de citations prises dans les meilleurs auteurs contemporains et suivis des règles sur les nouveaux genres de littérature qui se sont récemment établis. Édition augmentée d'une seconde d's études précédemment sur les orateurs de la Chambre des députés; par M. CORMENIN, sous le pseudonyme de TIMON; par RAYNAUD. 1 vol. in-8. 6 fr. 75 c

— DU TOURNEUR, ouvrage dans lequel on enseigne aux amateurs la manière d'exécuter tout ce que l'art peut produire d'utile et d'agréable; par M. HAMELIN BERGERON 2 vol. in-4 avec atlas. 60 f

Cet ouvrage est le plus complet qu'on puisse se procurer en ce genre.

MAPPE-MONDE (la) de PALes de LE AGE. 2 f

MÉTHODE DE COMPTER DE CARSTAIRS, dite AMÉRICAINE, ou l'Art d'écrire en peu de leçons par des moyens prompts et faciles; traduit de l'anglais sur la dernière édition, par M. TREMERY, professeur. 1 vol. oblong accompagné d'un grand nombre de modèles mis en français. 5 fr

MÉTHODE DE LA CULTURE DU MELON en pleine terre, par M. J. F NOGET, in 8. 1 fr. 25 c

MÉMOIRE SUR LES DAHLIAS, leur culture, leurs propriétés économiques, et leurs usages comme plantes d'ornement; par ARSENNE THIEBAUT DE BERNEAUD, brochure in-8. Deuxième édition. 75 c

MÉMOIRES SUR LA GUERRE DE 1809 EN ALLEMAGNE, avec les opérations particulières des corps d'Italie, de Pologne, de Saxe, de Naples et de Walcheren; par le général PELET, d'après son journal fort détaillé de la mpagne d'Allemagne, ses reconnaissances et ses divers travaux, la correspondance de Napoléon avec le major-général, les maréchaux, les commandants en chef, etc., 4 vol. in-8. 28 fr.

MÉMOIRE SUR LE MARRONNIER D'INDE, sur ses produits, et particulièrement sur le parti avantageux qu'on peut tirer de l'amidon ou fécule de son fruit extrait par un procédé particulier, par M. C.-F. VERGNAUD-ROMANESY, in-8. 50 c.

MÉMOIRES RÉCRÉATIFS, SCIENTIFIQUES ET ANECDOTIQUES, de ROBERSTON, 2 vol. in-8; prix. 12 fr.

MÉTHODE DE LECTURE ET D'ÉCRITURE, d'après les principes d'enseignement universel de M. JACOTOT, développés et mis à la portée de tout le monde; par BRAUD, 1 vol. in-4. 1 fr. 50 c.

MINÉRALOGIE INDUSTRIELLE, ou Exposition de la Nature, des Propriétés, du Gisement, du Mode d'extraction, et l'application des Substances minérales les plus importantes aux Arts et aux Manufactures. par M. PELOUZE, employé dans les forges et fonderies, auteur de l'Art du Maître de Forges, 1 vol. in-12 de près de 600 pages, 5 fr., et 6 fr. par la poste.

MINORITÉ (la), manuel à l'usage des tuteurs, subrogés-tuteurs curateurs, membres des conseils de famille, des pupilles émancipés ou devenus majeurs; par M. VALENTIN, 1 vol. in-18. 1 fr. 50 c.

MONITEUR DE L'EXPOSITION DE 1839, ou Archives des produits de l'industrie. 1 fr. 40 c.

Cet ouvrage est terminé par la liste des récompenses et médailles qui ont été accordées aux exposants.

NOSOGRAPHIE GÉNÉRALE ÉLÉMENTAIRE, ou Description et Traitement rationnel de toutes les maladies; par M. SEIGNEUR-GENS, docteur de la Faculté de Paris. *Nouvelle édition*, 4 vol. in-8. 20 fr.

NOTES SUR LES PRISONS DE LA SUISSE et sur quelques unes du continent de l'Europe, moyen de les améliorer; par M. FR. CUNINGHAM; suivies de la description des prisons améliorées de Gand, Philadelphie, Ilchester et Milbank; par M. BENTON, in-8. 4 fr. 50 c.

NOUVEL ATLAS NATIONAL DE LA FRANCE, par départements, divisés en arrondissements et cantons, avec le tracé des routes royales et départementales, des canaux, rivières, cours d'eau navigables, des chemins de fer construits et projetés; indiquant par des signes particuliers les relais de poste aux chevaux et aux lettres, et donnant un précis statistique sur chaque département, dressé à l'échelle de 1/350000, par CHARLES, géographe, attaché au dépôt général de la guerre, membre de la Société de géographie, avec des augmentations; par DARMET, chargé des travaux topographiques au ministère des affaires étrangères; et GRANGEZ, au dépôt des ponts-et-chaussées, chargé des dernières rectifications et des cartes particulières des colonies françaises, imprimé un format in-folio, grand raisin des Vosges, de 62 centimètres en largeur de 45 centimètres en hauteur.

Chaque département se vend séparément.

Le *Nouvel Atlas national* se compose de 80 planches (à cause de l'uniformité des échelles, sept feuilles contiennent deux départements).

Chaque carte séparée, en noir, 40 c.
Idem, coloriée, 60 c.
L'Atlas complet, avec titre et table, noir, cartonné, 40 fr.
Idem, colorié, cartonné, 56 fr.

NOUVEL ABRÉGÉ D'HISTOIRE D'ANGLETERRE depuis les temps les plus reculés jusqu'à nos jours. Ouvrage spécialement destiné à la jeunesse, en usage dans les meilleures institutions de la capitale; par madame veuve HABERELLE, née l'OISY, 1 vol. in-18. 2 fr. 25 c.

NOUVEL ABRÉGÉ DE L'ART VÉTÉRINAIRE; par WHITE, annoté par M. DELAGUETTE, médecin vétérinaire, deuxième édition, 1 vol. in-12. 3 fr. 50 c.

ŒUVRES POÉTIQUES DE KRASICKI, 1 seul vol. in-8, à 2 col., grand papier vélin. 25 fr.

ŒUVRES POÉTIQUES DE BOILEAU, *nouvelle édition*, accompagn[ée] de Notes faites sur Boileau par les commentateurs ou littérateurs les plus di[s]tingués; par M. J. PLANCHE, professeur de rhétorique au collège royal [de] Bourbon, et M. NOEL, inspecteur-général de l'Université, 1 gros vol. in-1[8]
1 fr. 50

OPUSCULES FINANCIERS sur l'Effet des priviléges, des emprunts p[u]blics, et des conversions sur le crédit de l'industrie en France; par J.-J. FAZ[Y] 1 vol. in 8. 5 f[r]

ORDONNANCE SUR L'EXERCICE ET LES MANOEUVRES D'I[N]FANTERIE, du 4 mars 183[1] (Ecole du soldat et de peloton), 1 vol. in-1[8] orné de fig. 75 [c]

PARFAIT SERRURIER, ou Traité des ouvrages faits en fer; par Lo[uis] BERTHAUX 1 vol. in 8, cartonné. 9 [fr.]

PATHOLOGIE CANINE, ou Traité des Maladies des Chiens, contena[nt] aussi une dissertation très détaillée sur la rage; la manière d'élever et de soign[er] les chiens; des recherches critiques et historiques sur leur origine, leurs variét[és] et leurs qualités intellectuelles et morales, fruit de vingt années d'une pra[ti]que vétérinaire fort étendue; par M. DELABÈRE BLAINE, traduit de l'anglais annoté par M. V. DELAGUETTE, vétérinaire, chevalier de la Légion d'Ho[n]neur, avec 2 planches, représentant dix-huit espèces de chiens. 1 vol. in 8 6 fr., et 7 fr. par la poste.

PHARMACOPÉE VÉTÉRINAIRE, ou Nouvelle Pharmacie hippiatriqu[e] contenant une classification des médicaments, les moyens de les préparer, l'indication de leur emploi, précédée d'une esquisse nosologique et d'un trai[té] des substances propres à la nourriture du cheval et de celles qui lui sont nui[si]bles; par M. BRACY CLARK, membre de la Société linnéenne de Londres, [de] l'Académie des Sciences de Paris, des Sociétés d'Histoire naturelle de Berli[n,] de Copenhague, de New-York, et de la Société royale d'Agriculture de Stu[t]gard. 1 vol. in 12, avec planches, 2 fr., et 2 fr. 50 c. par la poste. Les tit[res] et le nom de l'auteur font assez l'éloge de son livre.

PENSÉES ET MAXIMES DE FÉNELON. 2 vol. in-18, portrait. 3 f[r]
— **DE J.-J. ROUSSEAU.** 2 vol. in 18, portrait. 3 f[r]
— **DE VOLTAIRE.** 2 vol. in-18, portrait. 3 f[r]

POUDRE (de la) LA PLUS CONVENABLE AUX ARMES A PI[S]TON; par M. C. F. VERGNAUD aîné. 1 vol. in 18. 75 [c]

PRATIQUE SIMPLIFIÉE DU JARDINAGE, à l'usage des personn[es] qui cultivent elles-mêmes un petit domaine, contenant un potager, une pé[pi]nière, un verger, des espaliers, un jardin paysager, des serres, des orangeries un parterre; suivie d'un traité sur la récolte, la conservation et la durée d[es] graines, et sur la manière de détruire les insectes et les animaux nuisibles [au] jardinage, 5e édition; par M. L. DUBOIS, 1 vol. in-12, de plus de 400 page[s] orné de planches. 3 fr. 50 [c]

PRÉCIS DE L'HISTOIRE DES TRIBUNAUX SECRETS DANS l[e] NORD DE L'ALLEMAGNE; par A. LOEVE VEIMARS, 1 vol. in-1[8] 1 fr. 25

— **HISTORIQUE SUR LES RÉVOLUTIONS DES ROYAUMES DE N[A]PLES ET DU PIÉMONT** en 1820 et 1821, suivi de documents authentiqu[es] sur ces événements; par M. le comte D..., 2e édition. 1 vol. in 8. 4 fr. 50

PRINCIPES DE PONCTUATION, fondés sur la nature du langage écri[t;] par M. FREY. *Ouvrage approuvé par l'Université.* 1 vol. in 12. 1 fr. 50

PROCÈS DES EX-MINISTRES; Relation exacte et détaillée, contena[nt] tous les débats et plaidoyers recueillis par les meilleurs sténographes; 3e éditi[on] 3 gros vol. in-18, ornés de 4 portraits gravés sur acier. 7 fr. 50

RAPPORTS DES MONNAIES, POIDS ET MESURES des principa[ux] Etats de l'Europe ce tarif est collé sur bois. 3 f[r]

RECUEIL GÉNÉRAL ET RAISONNÉ DE LA JURISPRUDENCE et [des] attributions des justices de paix, en toutes matières, civiles, criminelles, de p[o]lice, de commerce, d'octroi, de douanes, de brevets d'invention, contentieus[es] et non contentieuses, etc., etc.; par M. BIRET. Cet ouvrage, honoré d'[un] recueil distingué par les magistrats et les jurisconsultes, vient d'être totaleme[nt]

...du dans une quatrième édition ; c'est à présent une véritable encyclopédie ...on trouve tout, absolument tout ce que l'on peut désirer sur ces matières. ...les les questions de droit, de compétence, de procédure y sont traitées, et ...acunes, des controverses très nombreuses y sont examinées et aplanies, ...ition. 2 forts vol. in-8, 1839.   14 fr.

...ECUEIL DE MOTS FRANÇAIS, rangés par ordre de matières, avec des ... sur les locutions vicieuses et des règles d'orthographe ; par B. PAUTEX, ...dit., in 8, cart.   1 fr. 50 c.

...ECUEIL ET PARALLÈLES D'ARCHITECTURE ; par M. DURAND. ...d in fol.   180 fr.

...CIENCE (la) ENSEIGNÉE PAR LES JEUX, ou Théorie scientifique ...eux les plus usuels, accompagnée de recherches historiques sur leur origine, ...ant d'introduction à l'étude de la mécanique, de la physique, etc., imité ... anglais ; par M. RICHARD, professeur de mathématiques. Ouvrage orné ...grand nombre de vignettes gravées sur bois par M. GODARD fils. 2 jolis ...in 18. (Même ouvrage que le *Manuel des jeux enseignant la science*.)   6 fr.

...ECRETS DE LA CHASSE AUX OISEAUX, contenant la manière de fa... ...uer les filets, les divers pièges, appeaux, etc. ; l'histoire naturelle des oi... ...x qui se trouvent en France ; l'art de les élever, de les soigner, de les gué... ...et la meilleure méthode de les empailler ; avec huit planches, renfermant ...de 80 figures ; par M. G***, amateur, 1 vol. in-12, 3 fr. 50 c. et 4 fr. 25 c. ...la poste.

...ERMONS DU PÈRE LENFANT, PRÉDICATEUR DU ROI LOUIS XVI, ...6 vol. in-12, ornés de son portrait, 2e édition.   20 fr.

...TATISTIQUE DE LA SUISSE ; par M. PICOT, de Genève, 1 gros vol. ...!, de plus de 600 pages.   7 fr.

...TÉNOGRAPHIE, ou l'Art d'écrire aussi vite que la parole ; par C. D. ...ACHE, 1 vol. in-8.   3 fr. 50 c.

...UITE AU MEMORIAL DE SAINTE-HÉLÈNE, ou Observations critiques ...ecdotes inédites pour servir de supplément et de correctif à cet ouvrage, ...nant un manuscrit inédit de Napoléon, etc. Orné du portrait de M. LAS-...E, 1 vol. in-8.   7 fr.

...même ouvrage 1 vol. in-12.   3 fr. 50 c.

...NONYMES (nouveaux) FRANÇAIS à l'usage des demoiselles ; par ma-...oiselle FAURE. 1 vol. in-12.

...ABLEAU DES PRINCIPAUX ÉVÉNEMENTS QUI SE SONT PASSÉS ...EIMS, depuis Jules-César jusqu'à Louis XVI inclusivement ; par M. CA-...i-DARAS. 2e édit., revue et augmentée. 1 vol. in-8.   10 fr.

...AILLE (de la) DU POIRIER ET DU POMMIER en fuseau ; méthode ...elle, suivie d'une instruction pour la taille du pêcher, avec 5 planches li-...raphiées contenant 20 fig. ; par CHOPPIN. 1 vol. in-8.   3 fr.

...ARIF GÉNÉRAL DU POIDS SPÉCIFIQUE DES MÉTAUX EM-...YÉS EN GRAND DANS L'ARCHITECTURE ET LA MÉCANIQUE ; ...M. P.-L.-C. RABUTÉ, 1 vol. in-8.   5 fr.

...HÉORIE DU JUDAISME ; par l'abbé CHIARINI. 2 vol. in-8.   10 fr.

...OPOGRAPHIE DE TOUS LES VIGNOBLES CONNUS, suivie d'une ...ification générale des vins ; par A. JULIEN. Troisième édition, 1 vol. in-8.   7 fr. 50 c.

...RAITÉ DE CHIMIE APPLIQUÉE AUX ARTS ET MÉTIERS, e ...ipalement à la fabrication des acides sulfurique, nitrique, muriatique ou ...o-chlorique, de la soude, de l'ammoniaque, du cinabre, minium, céruse, ..., couperose, vitriol, verdet, bleu de cobalt, bleu de Prusse, jaune de ...me, jaune de Naples, stéarine et autres produits chimiques ; des eaux mi-...les, de l'éther, du sublimé, du kermès, de la morphine, de la quinine et ...s préparations pharmaceutiques ; du sel, de l'acier, du fer blanc, de la ...re fulminante, de l'argent et du mercure fulminant, du salpêtre et de la ...lre ; de la porcelaine ; des pierres précieuses ; du papier, du sucre de bet-...es, de la bière, de l'eau-de-vie, du vinaigre, de la gélatine ; à l'art du fon-...en fer et en cuivre, de l'artificier, du verrier, du potier, du teinturier, du ...graphe, du blanchisseur, du tanneur, du corroyeur, etc. ; à l'extraction ...métaux, l'éclairage au gaz, etc., etc. ; par M. J.-J. GUILLOUD, profes-

seur de chimie et de physique; avec planches, représentant près de 60 figu
2 forts vol. in 12, 10 fr.   et 12 fr. par la poste.

TRAITÉ DE LA COMPTABILITÉ DU MENUISIER applicable à
les états de la bâtisse; par D. CLOUSIER, 1 vol. in 8.   2 fr 5

TRAITÉ DE CULTURE FORESTIÈRE; par HENRI COTTA, trad
de l'allemand par GUSTAVE GAND, garde général des forêts, 1 vol. i

TRAITÉ DE LA CULTURE DES PÊCHERS; par DE COMBLES;
quième édition, revue par M. LOUIS DU BOIS, 1 vol. in-12, 1 fr. 50 c.
1 fr. 70 c. par la poste.

TRAITÉ DE LA FILATURE DU COTON, par M. OGER, directeu
lature, 1 vol. in-8 et atlas   16

TRAITÉ SUR LE GAZ. (Sous presse.)

TRAITÉ DE GÉOMÉTRIE, de Trigonométrie rectiligne, d'Arpentag
de Géodésie pratique; suivi de tables des Sinus et des Tangentes en nomb
naturels; par M. A. JEANNET, considérablement augmenté par M. F.
GAULT POLINCOURT, ingénieur civil et architecte, 2 vol in 12   7

TRAITÉ DES MALADIES DES BESTIAUX, ou Description raison
de leurs maladies et de leur traitement; précédé d'un précis d'histoire na
relle et d'un traité d'hygiène, et suivi d'un aperçu sur les moyens de tirer
bestiaux les produits les plus avantageux. Ouvrage utile aux propriétaires,
miers, éleveurs et nourrisseurs; par M. V. PELAGUETTE, vétérinaire, cl
valier de la Légion d'Honneur, 1 vol. in 12, 3 fr. 50 c., et 4 fr. 25 c. par
poste.

TRAITÉ SUR LA NOUVELLE DÉCOUVERTE DU LEVIER VOLU
dit LEVIER-VINET. In 18   1 fr 50

TRAITÉ DE PHYSIQUE APPLIQUÉE AUX ARTS ET MÉTIER
et principalement à la construction des fourneaux, des calorifères à air et à
peur, des machines à vapeur, des pompes à l'eau du fumiste, de l'opticie
du distillateur; aux sécheries, artillerie à vapeur, éclairage, bélier et pres
hydrauliques, arconètres, lampes à niveau constant, etc.; par M. J.J. GUI
LOU, professeur de chimie et de physique, avec planches, représentant 1
fig. 1 fort vol. in 12, 5 f. 50 c., et 6 fr. 50 c. par la poste.

TRAITÉ RAISONNÉ SUR L'ÉDUCATION DU CHAT DOMESTIQU
du Traitement de ses Maladies; par M. R***, 1 vol. in-12, 1 fr. 50 c.
1 fr. 80 c par la poste.

VOYAGE DE DÉCOUVERTE AUTOUR DU MONDE, et à la rech
che de La Pérouse; par M. J. DUMONT D'URVILLE, capitaine de vaissea
exécuté sous son commandement et par ordre du gouvernement, sur la corvet
l'Astrolabe, pendant les années 1826, 1827, 1828 et 1829. — Histoire du Voyag
5 gros vol in-8, avec des vignettes en bois, dessinées par MM. DE SAINSON
TONY JOHANNOT, gravées par PORRET, accompagnées d'un atlas cont
nant 50 planches ou cartes grand in-folio.   60

*Cet important ouvrage, totalement terminé, qui a été exécuté par ordre du go
vernement, sous le commandement de M. Dumont d'Urville et rédigé par lui, n
rien de commun avec le Voyage pittoresque publié sous sa direction.*

VOYAGE MÉDICAL AUTOUR DU MONDE, exécuté sur la corvette d
roi la Coquille, commandée par le capitaine Duperrey, pendant les année
1822, 1823, 1824 et 1825, suivi d'un mémoire sur les Races humaines répa
dues dans l'Océanie, la Malaisie et l'Australie; par M. LESSON, 1 vol. in 8
4 fr. 50 c

OUVRAGES DE M. BOURGON.

ABRÉGÉ D'HISTOIRE UNIVERSELLE, *première partie*, comprenar
l'histoire des Juifs, des Assyriens, des Perses, des Egyptiens et des Grecs, jus
qu'à la mort d'Alexandre-le-Grand, avec des tableaux de synchronismes; pa
M. BOURGON, professeur de l'Académie de Besançon. *Seconde édition.* 1 vol
in 12.   2 f

— *Seconde partie*, comprenant l'histoire des Romains depuis la fondation d
Rome, et celle de tous les peuples principaux, depuis la mort d'Alexandre-le
Grand, jusqu'à l'avènement d'Auguste à l'empire; par M. BOURGON, etc
1 vol. in-12.   3 fr. 50 c

Troisième partie, comprenant un **ABRÉGÉ DE L'HISTOIRE DE [L'EM]PIRE ROMAIN**, depuis sa fondation jusqu'à la prise de Constantinople; [par] . BOURGON. 1 vol. in-12.   2 fr. 50.

Quatrième partie, comprenant l'histoire des Gaulois, les Gallo-Romains, [les Fr]anks et les Français jusqu'à nos jours, avec des tableaux de synchronismes; [par] I. J.-J. BOURGON. 2 vol. in-12.   6 fr.

OUVRAGES POUR LES ÉCOLES CHRÉTIENNES.

[G]RAMMAIRE FRANÇAISE ÉLÉMENTAIRE, suivie d'une méthode [d'ana]lyse grammaticale raisonnée; par [L].-C. et F.-P.-B. 1 vol. in 12.   1 fr.

[AB]RÉGÉ DE GÉOMÉTRIE PRATIQUE appliquée au dessin linéaire, au [levé] et au levé des plans; suivi des principes de l'architecture et de la per[spect]ive; par F.-P. et L.-C. Ouvrage orné de 430 figures en taille douce; prix [broch]é: 2 fr. 50 c.

[NO]UVEAU TRAITÉ D'ARITHMÉTIQUE DÉCIMALE, contenant toutes [les op]érations ordinaires du calcul, les fractions, la racine carrée, les réductions [des a]nciennes mesures. Édition enrichie de 1316 problèmes à résoudre; par [les mê]mes. Vol. in-12 de 216 pages.   1 fr. 75 c.

[RÉ]PONSES ET SOLUTIONS des 1316 questions et problèmes contenus [dans] le nouveau Traité d'arithmétique décimale; par les mêmes. Vol. in-12 [de ..] pages; prix, broché: 1 fr. 25 c.

[CO]URS D'HISTOIRE, contenant l'*Histoire sainte*, divisée en huit époques; [l'hist]oire *de France*: un précis sur cette histoire, des notions sur les anciens [et n]ouveaux peuples; orné de portraits; par L. C. et F. B. P. 5e édition. [Vol.] in-12.   1 fr. 75 c.

[AB]RÉGÉ DE GÉOGRAPHIE COMMERCIALE ET HISTORIQUE, [conte]nant un précis d'astronomie selon le système de Copernic, les définitions [des d]ifférents météores, un tableau synoptique pour chaque département, et [des n]otions historiques sur les divers états du globe, etc.; par F. C. et F. P. [Volu]me in-12 orné de 6 cartes géographiques. A l'usage des écoles primaires.   1 fr. 35 c.

[EX]ERCICES ORTHOGRAPHIQUES mis en rapport avec la grammaire [franç]aise, à l'usage des écoles chrétiennes; par L. C. et F. P. B. 2e édition. [Vol.] in-12.   1 fr.

[DIC]TÉES ET CORRIGÉS DES EXERCICES ORTHOGRAPHIQUES, [acco]mpagnés d'analyses grammaticales pour chaque jour de l'année scolaire, [mis] en rapport avec la grammaire française élémentaire. A l'usage des écoles [chrét]iennes; par L. C. et F. P. B. Ouvrage approuvé par le Conseil royal de [l'inst]ruction publique. 1 vol. in-12.   1 fr. 25 c.

OUVRAGES DE M. JOUY.

[JE]UX DE CARTES HISTORIQUES; par M. JOUY, de l'Académie fran[çaise]. A 2 fr. le jeu.

[Co]ntenant l'histoire romaine, l'histoire de la monarchie française, l'histoire [grec]que, la mythologie, l'histoire sainte, la géographie.

[Celu]i-ci se vend 50 cent. de plus, à cause du planisphère.

[L'hi]stoire du Nouveau Testament pour faire suite à l'histoire sainte, l'histoire [d'An]gleterre, l'histoire des animaux, l'histoire des empereurs, la lecture, la mu[sique], la chronologie, l'astronomie et la botanique.

OUVRAGES DE M. MARCOS.

[F]ABLES DE LESSING, adaptées à l'étude de la langue allemande dans les [huit]ième et quatrième classes des collèges de France, moyennant un Voca[bula]ire allemand français, une liste des formes irrégulières, l'indication de la [const]ruction, et les règles principales de la succession des mots. 1 vol. in 12, [broc]hé.   2 fr. 50c.

[AB]RÉGÉ DE LA GRAMMAIRE ALLEMANDE pour les élèves des cin[quiè]me et quatrième classes des collèges de France. 1 vol. in-12, broché.   1 fr. 50 c.

[Ce]t abrégé est un extrait de l'ouvrage suivant, dont il partage tous les avan[tage]s.

[G]RAMMAIRE COMPLÈTE DE LA LANGUE ALLEMANDE pour les

élèves des classes supérieures des collèges de France, renfermant, *de plus q[ue] les autres grammaires*, un traité complet de la succession des mots ; un autre s[ur] l'influence qu'elle a exercée sur l'emploi de l'indicatif, du subjonctif, de l'in[fi]nitif et des participes; un vocabulaire français-allemand des conjonctions et d[es] locutions conjonctives, etc., etc. 1 vol. in-4. broché.   3 fr. 50

COURS DE THÈMES pour l'enseignement de la traduction du franç[ais] en allemand dans les collèges de France, renfermant un guide de conversatio[n,] un guide de correspondance, et des thèmes pour les élèves des classes élém[en]taires et supérieures. 1 vol. in-12, broché.   4

HISTOIRE DES VANDALES, depuis leur première apparition sur [la] scène historique jusqu'à la destruction de leur empire en Afrique, accompag[née] de recherches sur le commerce que les Etats barbaresques firent avec l'étran[ger] dans les six premiers siècles de l'ère chrétienne. 2e édition. 1 vol. in-8. 7 fr. 5[0]

OUVRAGES DE M. MORIN.

GÉOGRAPHIE ÉLÉMENTAIRE ancienne et moderne, précédée [d'un] Abrégé d'astronomie. 1 vol. in-12, cart.

ŒUVRES DE VIRGILE, traduction nouvelle, avec le texte en rega[rd] des remarques. 3 vol. in-12.   7 fr.

BUCOLIQUES ET GÉORGIQUES. 1 vol. in-12.   2 fr.

PRINCIPES RAISONNÉS DE LA LANGUE FRANÇAISE, à l'[usage] des collèges. Nouvelle édition. 1 vol. in-12.   1 fr.

PRINCIPES RAISONNÉS DE LA LANGUE LATINE, suivant l[a mé]thode de Port-Royal, à l'usage des collèges. 1 vol. in-12.   1 fr.

NOUVEAU SYLLABAIRE ou principes de lecture. Ouvrage adop[té par] l'Université, à l'usage des écoles primaires.

TABLEAUX DE LECTURE destinés à l'enseignement mutuel et sim[ultané,] 50 feuilles.

OUVRAGES DE M. NOËL.

GRAMMAIRE LATINE (nouvelle) sur un plan très méthodique [par] M. NOËL, inspecteur général à l'Université, et M. FELLENS. Ouvrage [approuvé] par l'Université.   1 fr

ABRÉGÉ DE LA GRAMMAIRE FRANÇAISE, par MM. NOËL et C[HAP]SAL. 1 vol. in-12.

GRAMMAIRE FRANÇAISE (nouvelle) sur un plan très méthodique [avec] de nombreux exercices d'Orthographe, de Syntaxe et de Ponctuation ti[rés de] nos meilleurs auteurs, et distribués dans l'ordre des Règles ; par MM. NO[ËL et] CHAPSAL. 3 vol. in-12 qui se vendent séparément, savoir :
— La Grammaire, 1 vol.   1 fr
— Les Exercices, 1 vol.   1 fr
— Le Corrigé des Exercices.

LEÇONS D'ANALYSE GRAMMATICALE, contenant, 1° des Précep[tes de] l'art d'analyser, 2° des Exercices et des Sujets d'analyse gramm. grad[ués et] calqués sur les préceptes ; par MM. NOËL et CHAPSAL. 1 vol. in-12. 1 fr

LEÇONS D'ANALYSE LOGIQUE, contenant, 1° des Préceptes [de l'art] d'analyser, 2° des Exercices et des Sujets d'analyse logique, gradués et [calqués] sur les Préceptes, par MM. NOËL et CHAPSAL. 1 vol. in-12.   1 f[r]

TRAITÉ (nouveau) **DES PARTICIPES**, suivi de dictées progressive[s, par] MM. NOËL et CHAPSAL. 1 vol. in-12.

CORRIGÉ DES EXERCICES SUR LE PARTICIPE. 1 vol. in-12.

COURS DE MYTHOLOGIE. 1 vol. in-12.

NOUVEAU DICTIONNAIRE DE LA LANGUE FRANÇAISE, Ge [etc.] 1 vol. in-8. grand papier.

ŒUVRES POÉTIQUES DE BOILEAU. Nouvelle édition, accompag[née de] notes faites sur Boileau par les commentateurs et littérateurs les plus [distin]gués ; par M. J. PLANCHE, prof. de rhétorique au collège royal de Bo[urbon] et M. NOËL, inspecteur général de l'Université. 1 gros vol. in-12   1 fr

MANUEL DE BIOGRAPHIE, ou Dictionnaire historique abrégé des [grands] hommes ; par M. NOËL, inspecteur général des études. 2 vol. in-18. De[rnière] édition.

PARIS, — Imprimerie de BOURGOGNE et MARTINET, rue Jacob,

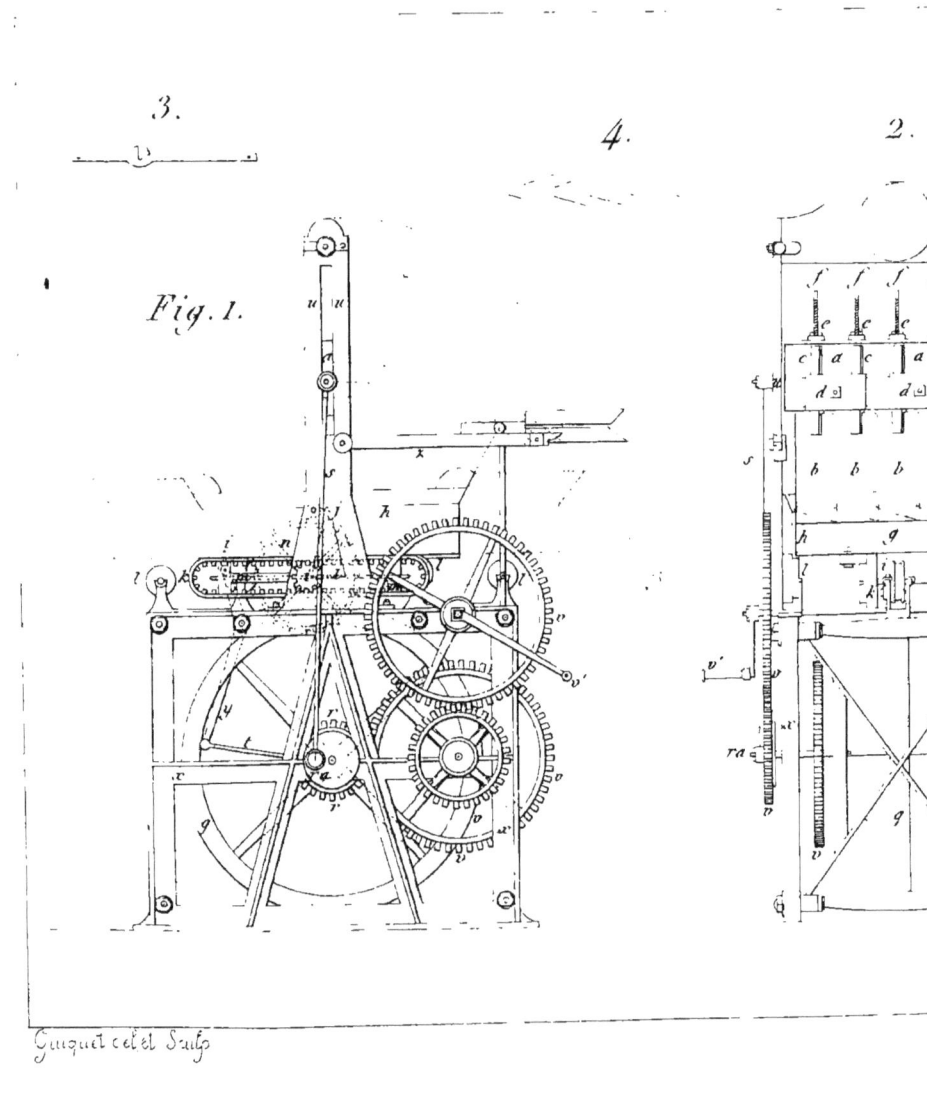

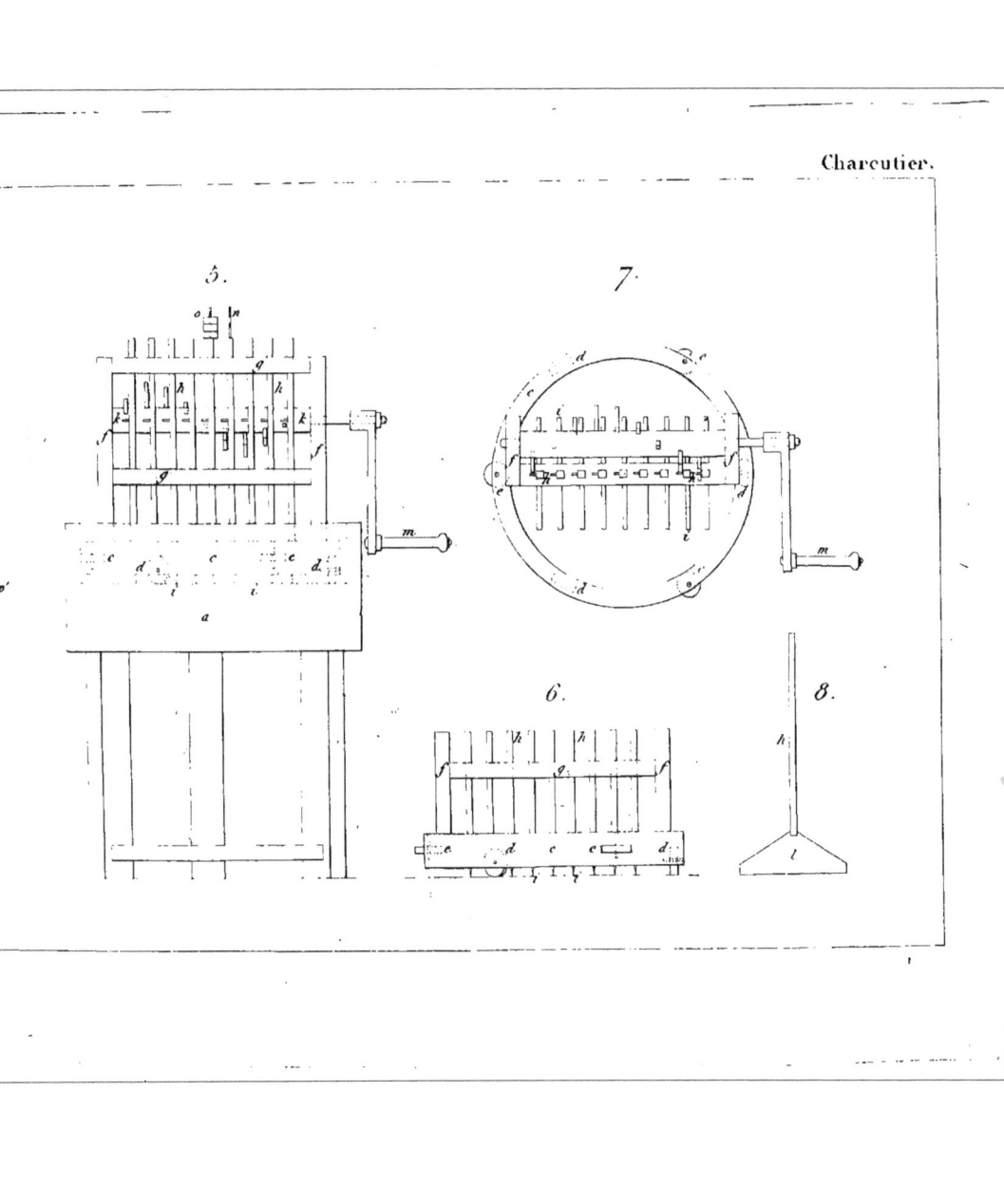

Charcutier.

www.ingramcontent.com/pod-product-compliance
Lightning Source LLC
Chambersburg PA
CBHW070608160426
43194CB00009B/1227